Scope

裸

The
Naked Ape

A Zoologist's Study of the Human Animal

增修版

Desmond
Morris

德斯蒙德·莫里斯 /著

猿

一位動物學家對人類動物的研究

臺灣大學國際事務處
共同教育中心教授

曹順成 /譯

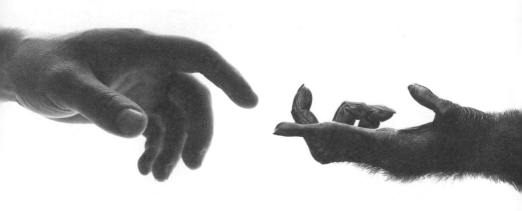

目
錄。

前言　28

現今世界上共有 193 種的猿猴類存在，人類是其中唯一沒有覆滿毛髮、反而裸露全身的猿類。

第一章　起源　33

把裸猿和他同種但同樣不長尾巴的黑猩猩、大猩猩排在一起，人類的腿部太長、手臂太短、腳也長得很奇怪，顯然他已經發展出一種獨特的運動能力；還有一個重要特徵：他的體表幾乎不長毛，皮膚幾乎完全裸露在外。

第二章　性行為　69

現代的裸猿如何進行性行為？為何裸猿的性行為方式有助於人類生存下來？究竟，在裸猿演化的過程中發生了什麼事？

第三章　育兒　115

80% 的母親用左臂抱嬰兒，把嬰兒靠在自己的左胸、裸猿的小孩可以透過模仿而快速學習，其他動物卻不行……這些育兒過程都透露出裸猿進化的一些特殊意義。

致謝

　　這本書是針對一般讀者所寫，所以在文中沒有引用學術權威的論述。因為加入那些引用會讓詞語運用不夠流暢，讓本書成為較技術導向的著作。不過，在本書的整合過程裡，也參考了許多出色的原創性論文和書籍，使本書獲益良多。在此，特別致謝。在本書最後，我逐章列出和討論主題相關的主要文獻，並做成附錄。附錄之後所列出的是主要參考文獻的詳細出處。

　　我要向很多——直接當面討論、間接透過通信或是以其他方式——幫助我的同事和朋友們，致上我的感激和謝意。他們是：

Dr Anthony Ambrose, Mr David Attenborough, Dr David Blest, Dr N. G. Blurton-Jones, Dr John Bowlby, Dr Hilda Bruce, Dr Richard Coss, Dr Richard Davenport, Dr Alisdair Fraser, Professor J. H. Fremlin, Professor Robin Fox, Baroness Jane van Lawick-Goodall, Dr Fae Hall, Professor Sir Alister Hardy, Professor Harry Harlow, Mrs Mary Haynes, Dr Jan van Hooff, Sir Julian Huxley, Miss. Devra Kleiman, Dr Paul Leyhausen, Dr Lewis Lipsitt, Mrs Caroline Loizos, Professor Konrad Lorenz,

Dr Malcolm Lyall-Watson, Dr Gilbert Manley, Dr Issac Marks, Mr Tom Maschler, Dr L. Harrison Matthews, Mrs Romona Morris, Dr John Napuer, Mrs Caroline Nicolson, Dr Kenneth Oakley, Dr Frances Reynolds, Dr Vernon Reynolds, The Hon. Miriam Rothschild, Mrs Claire Russell, Dr W. M. S. Russell, Dr George Schaller, Dr John Sparks, Dr Lionel Tiger, Professor Niko Tinbergen, Mr Ronald Webster, Dr Wolfgang Wickler, and Professor John Yudkin.

　我在此補充說明，以上列名最主要是想要表達我對他們的謝意，並不代表他們一定完全同意我在書中的所有觀點。

　最後，我還要感謝靈長類研究的學界大師法蘭斯・德瓦爾教授，為這本發行五十周年紀念、新的再版書寫序，我由衷感謝他的指正。

導讀

「人之所以異於禽獸者，幾希。庶民去之，君子存之；舜
明於庶物，察於人倫，由仁義行，非行仁義也。」

孟子

　　1967 年德斯蒙德・莫里斯以動物學者的觀點撰寫《裸
猿》一書引起許多的爭議，即便是將近 50 年後商周出版的中
譯本問世的當下，我們也面臨著讀者們是否能接受以研究其
他動物的方式闡述裸猿的性愛、育幼、探索、競爭、食性、
慰藉等行為。尤其是在傳統禮教束縛成長的華文讀者，應該
很難接受德斯蒙德・莫里斯赤裸裸描述裸猿的私密行為。

　　首先，我們應該可以認同與支持德斯蒙德・莫里斯以
「裸猿」做為「人」的別稱，在靈長目中「人」是唯一未冠
「猿」稱的類群，這個分類上獨特的地位在過去被視為理所當
然。可是當我們對「人」的研究，由個體的層次延伸到分子
的層次，我們不得不正視「裸猿」這個名詞所代表的含義。
當我們比對裸猿和還留在非洲的近親們——黑猩猩、大猩猩
的全基因定序時，我們不得不承認裸猿支系與牠們分家後，
單純 DNA 的差異比起我們在形態、行為、文化等層面上理

解的差異要小得多。身為裸猿的一分子，讀著 1967 年的中譯本，華文讀者群可能應該理性的思考，攤在我們面前這些直接的陳述與討論所引發的爭議與省思。

　　德斯蒙德・莫里斯在《裸猿》一書的開始先嘗試說服讀者以旁觀者的身分，閱讀一位動物行為學家對裸猿的報告。這是多麼困難的一件事啊！今天的裸猿不只穿上華麗、時尚的衣著，他們還背負了禮教、文化的束縛。文字上赤裸裸的描述不僅讓我們猶豫是否應該建議讀者的年紀，或者至少建議青少年的讀者應在父母的陪同下閱讀關於裸猿性愛的描寫。可是《裸猿》一書的重點不應該侷限在該不該直接討論裸猿的私密生活，而是我們能否客觀（如同研究其他物種一般）的看待裸猿過去的演化史，以及裸猿對其他生物所造成的影響。閱讀《裸猿》讓我們有機會再度探索裸猿和其他猿猴類分家後獨特的演化史，也讓我們有機會思考穿著華服、禮教的裸猿應該如何與其他物種和平相處。

　　雖然《裸猿》發表之初，許多的異議針對德斯蒙德・莫里斯描述裸猿性愛行為太過於直接，但是書中除了第二章性愛的描述與討論外，作者也對裸猿的其他行為著墨不少。德斯蒙德・莫里斯從裸猿的幼年期延續討論親代的撫育行為（parental care）必要性，而育幼的需求可能直接影響了裸猿的婚配制度（mating system），這也很可能是裸猿演化過程中重要的一步。試想，如果裸猿的祖先演化出幼體持續的性狀，但是沒有伴隨親代撫育行為的產生，初生無助的小裸猿該如何面對危機四伏的叢林生活呢？

　　裸猿喜好新奇的探索行為很可能是 21 世紀裸猿發展出高度文明的主因之一，裸猿的探索由他們居住的地球延伸到其

他的星球，在英文原著發表的第二年（西元 1969 年），「阿波羅 11 號」成功地讓裸猿第一次在月球上留下足跡，2012 年裸猿設計的「好奇號」成功地在火星進行有規模的探索，這些都是延續著這個物種探索新奇的特性。德斯蒙德·莫里斯也以動物學者的身分點出裸猿社會中，動物園的設計所造成動物的刻板行為，也許是裸猿社會化的過程中曾經有過相似的經歷。「鬥爭」是另一個動物行為上重要的問題，裸猿的外型與行為比起其他的動物，可能並不是個善於鬥爭的物種，但是高度發達的大腦讓裸猿開始製作工具，裸猿的工具中一部分成為他們的武器，讓裸猿在兇猛的肉食動物環伺下，仍有生存的空間並日益壯大，裸猿製作工具的精進在 20 世紀原著發表之際，已經令同為裸猿的作者在字裡行間透露著憂心。

　　《裸猿》的最後三章從食性的比較、社交行為的演化、到裸猿與其他物種的互動，引導讀者們進入 20 世紀裸猿的繁盛與危機。身為雜食性的靈長類動物，裸猿在食物的獲得從狩獵轉至農業生產，是他們成功建立族群的重要里程碑（或許太成功了），在狩獵時代食物的取得不易，覓食需要精心的計畫，食物獲得之後的分配、進食的儀式（用餐）等行為的發展也是裸猿社會化過程的環節。從靈長類祖先的機會主義演化為可以主動生產、支配食物的裸猿，他們仍然維持著雜食的特性，但是裸猿食物取得、利用的方式已經和其他的靈長類動物大不相同。

　　作者在「慰藉」一章提出靈長類個體間相互清理的行為，在裸猿的演化為相互打扮、醫護照顧等特殊的行為模式，作者除了描述裸猿個體間的慰藉行為，也討論了個體自己慰藉的行為，透過這些敘述裸猿對恐懼的生理反應的壓

抑。最後，德斯蒙德‧莫里斯透過一個動物園對小孩的問卷結果，陳述裸猿對其他動物的喜惡反應，他歸納了二個法則：動物受喜好的程度與牠擁有與裸猿相似的特徵呈正相關，小孩的年紀與他所喜好的動物體型成反比。這二個法則並不完全適用於成年的裸猿，但是裸猿對其他動物的喜惡也許反應了他們走過演化歷程後複雜的認知。文章最後，德斯蒙德再次強調以動物學家的角度審視裸猿的行為的重要性，在 21 世紀閱讀中譯本的讀者是否也需要停下來思考，21 世紀的今天，我們對裸猿的過去又多瞭解了多少呢？

　　《裸猿》一書的最後附有參考書目，有興趣的讀者可以做深入的閱讀。由於原著完成於 1967 年，作者寫作時所參考的書目可能已經有更新的研究成果，建議讀者們在閱讀之餘，可以針對有興趣的主題，搜尋過去五十年科學家對裸猿及他的近親種（包含已滅絕的種類）進行研究的進展，補足書中對裸猿行為學或演化研究的描述停留在 1960 年代的不足。當然，華文讀者們在閱讀《裸猿》之後，可以嘗試學習德斯蒙德撰寫此書所採取的方式——以一位動物行為學家的角度，仔細觀察坐在咖啡廳一對對裸猿情侶、公園裡裸猿親子、理髮院中設計師與顧客、沐浴之後對著鏡子觀察一隻裸猿形態與生理上的特徵，你是否發現在《裸猿》書中對他們之間互動的描述經常環繞在我們的周圍。最重要的是，身為裸猿的我們應該常常以這樣的方式審視自己在生態系中的地位，常常反思裸猿與其他物種間的關係，跳脫以萬物之靈的角色證明人定勝天。

臺灣大學生命科學系　丁照棟

推薦序

　　創刊六十年的英國長青科學雜誌《新科學家》週刊，在2012 年列出十大最具影響力的科普圖書，毫不意外地，達爾文的《物種原始》高居第一，《裸猿》也名列第六，這兩本書都和生物演化有關。但如果你知道達爾文以生物演化的觀點直接探討我們自己的《人之由來》一書很難被大眾接受，也許可以體會《裸猿》這本書能夠上榜，是多麼不簡單的一件事情。

　　「人」字雖然只有簡單的兩撇，不僅從書法的角度來看，並不好寫，從實際的角色來看，更是蘊含著深邃的哲理。號稱探索真理的科學，在遇到「人」這個棘手的動物時，也難免會有說不出口或是故意規避的話題。德斯蒙德‧莫里斯（Desmond Morris）以正常的樣本、客觀的態度、大量的佐證和通俗的語言，不僅將古今裸猿的行為相互比較，也把人類和其他靈長類動物之間的關係做一全面性的剖析；讓我們知道人有其動物根源，是走出森林進入草原、由草食轉換成雜食，由單打獨鬥的狩獵人猿轉變為集體行動的領地人猿、四足變成直立行走，其實和其他動物並沒有什麼兩樣。

　　本書以動物學家的角度，從人類基本行為中，層層剖析

出人性中所存在的動物本性，也點出了人類進化之後可能面
對的種種問題。

　　《裸猿》一書出版至今已經四十八年，總銷售量超過千
萬冊，中文繁體譯本的出版，讓我們能有機會一窺莫里斯獨
到而犀利的見解。

臺灣大學昆蟲學系教授　張慧羽

推薦序

2017 年新版

　　儘管已經有明確的警告，也或許正是由於這些警告——當我還是一名年輕的生物學系學生時，便已拜讀了《裸猿》這本書。我的一位荷蘭籍老師曾經用輕蔑的語氣說，有某些書是沒有任何一個認真專注的科學家會去碰觸的，因為這些書是寫給頭腦簡單的人讀的。當時在他這些不值一哂的書單裡，由英國德斯蒙德・莫里斯剛出版的、有違禮俗的《裸猿》獨佔鰲頭。他一邊顯示出感到厭惡的表情，一邊說這是一本完全沒有任何正經的內容。我在當時還沒有聽說過這本書，但是教授的酷評，讓我感到十分地好奇，我忍不住跑去買了一本來讀。這真是一本令人耳目一新、玩世不恭的書。從此，我就非常喜愛它。

　　這件事發生在五十年前，也就是 1967 年。我們現在已經習慣於閱讀從 E. O. 威爾遜（E. O. Wilson）、理查・道金斯（Richard Dawkins）、史蒂芬・平克（Steven Pinker）到史蒂芬・傑伊・古爾德（Stephen Jay Gould），這些作者們所出版、範圍廣泛、有關演化和人類行為的暢銷書籍，更不用說還有許多專門針對像我一樣、非專業人士閱讀的有關動物行為的書籍。只是，我們有時會忘記，《裸猿》這本書才是引領這整個趨勢的鼻祖。在此之前，沒有作者曾經嘗試為一般

讀者出版有關人類演化的最新進展。相較之下,在《裸猿》之前出版的書,都平淡無奇,且偏重學理。莫里斯這本書被翻譯成 28 種語言,銷售超過 1200 萬冊,很明顯地,它的暢銷刺激了抄襲者。於是,我們就看到了像是《激情猿》(*The Passionate Ape*)、《思考猿》(*The Thinking Ape*)、《瘋狂猿》(*The Crazy Ape*)等十多種,相似標題的書籍出現。只是原創的成功不是這些書可以望其項背的,而且它仍然是唯一一本,進入全球百大暢銷書排行榜的熱門生物學書籍。

撇開它帶有些許醜聞意味(在當年「赤身裸體」〔naked〕仍然是一個色情的字眼)的絕妙書名,這本書的風格,是它成功的祕訣。莫里斯用他所謂「絞盡腦汁、精疲力竭的四個星期」來完成,他也算是一個快手了。讀者不知不覺地屏氣喘息。《裸猿》的寫作內容,主要是根據直接的知識,而不是來自研究來源的諮詢。莫里斯是諾貝爾獎得主尼可‧丁伯根(Niko Tinbergen)門下的動物行為學家,他對我們一般不認為是一種動物物種的奇怪習性,提出了正確的說法。他請我們透過一個物鏡來檢驗自己,把自己想像成局外人般,在某些事情上遭遇到很大的困難。正當我們認為自己是最重要的,把自己當成偶像一樣崇拜時,作者卻以極大的幽默將我們牢牢地釘在地面上。

此外,書中還有明顯關於兩性之間的內容,鉅細靡遺地描述,前戲是這個奇怪的靈長類求愛過程中的一部分。莫里斯還煽情地註解:「人類對於擁有靈長類動物裡最大的大腦感到自豪,卻試圖掩飾也有最大陰莖的事實。」有些讀者可能對於我們在交配習慣上,而不是我們通常所聽到的心智能力上所付出的全部注意力感到不可思議。但這正是這本書所

具有的震撼價值和成功之處。

　　從另外一個角度來看，這也是一本與眾不同的、具有更深刻意義的經典之作。例如，莫里斯提出，人類之間的閒談與靈長類動物相互之間的打理，在社會聯繫和歸屬感方面的維護，具有相同的功能。數十年後，這個想法變成了一個流言蜚語如何演變、取代相互打理的行為，從而刺激了語言演化的重要理論。莫里斯也將部落裡的雌性平均地分布在雄性之間，並且從她們一起對抗兇暴的雄性首領的方式，來推測關於配對連結的關係。於是，這被認為是將雄性彼此之間競爭的程度，降低到足以一起外出狩獵和集中資源的原因。這種思想在人類學中仍然非常盛行，例如幾年前，人們將地猿（Ardipithecus，四百多萬年前的人類祖先）縮減的犬齒，視為是和平的象徵，也意味著一夫一妻制的開始。

　　這些演化上的推測，毫無疑問是來自《裸猿》，可惜的是，這本書很少得到應有的讚譽。的確有不少人已經讀過這本書，只是它太偏離科學的主流。與此同時，我們的知識也在大量地累積，譬如有關倭黑猩猩的性習慣（另一種具有引人注目陰莖的猿類），或者合作和利他主義可能發展的各種方式這些方面。我們不能因為一本已經出版半世紀之久的書，就認為它不能代表最新的知識，而有所偏見。 由於這本書的主要重點，並不在於它的數據和理論，而在於它所遵循的思維路線，所以非常值得一讀。莫里斯從一位演化生物學家的觀點出發，試圖從生物的生存和繁殖的角度來解釋人類的行為。他提出我們人類在社交上和性行為習慣上，所產生一系列的問題，讓有興趣的生物學家去想辦法解決。比如，關於我們的裸體和直立的步態、同性戀、女性性高潮，或者

在藝術和文化中娛樂性角色的起源；所有這些主題，至今仍然處於非常激烈的辯論中。正是這種思維模式，而不是得到的結論，使這本書成為一本精采絕倫的讀物。

今日重讀一遍，我根本沒察覺到遺傳對環境的強調，例如，當作者提及生物性別的差異時，這是因為生物學的影響力已經無關緊要；現在被認為是理所當然的。但是別忘了，當《裸猿》問世的時候，我們是不准提出基因影響人類行為，或者是我們的性慾塑造了社會，而不是恰巧相反的看法。人性被認為是與生俱來的。文化是塑造了我們人類，讓我們被放在什麼位置的因素。而遺傳學，則完全被排除在辯論之外。對莫里斯這樣的生物學家來說，打破這個禁忌，只是遲早的問題而已。這無疑也是《裸猿》最大的貢獻。它指出了「人類的生活是從零開始」這個想法裡的一個大問題。作者以玩笑式風格，降低了在當時因為討論一個非常敏感的話題，所引起的不快。這本書的暢銷意味著，人們終於可以從演化學上的角度，開始認真地思考自己的生活方式了。

法蘭斯・德瓦爾（Frans de Waal），2017

法蘭斯・德瓦爾是美國亞特蘭大埃默里大學（Emory University）的靈長類動物學家和教授，著有許多暢銷書籍。他的最新作品：《你不知道我們有多聰明：動物思考的時候，人類能學到什麼？》（*Are we smart enough to know how smart animals are?*）

作者序

2017 年新版

　　我很難相信從《裸猿》首次出版至今，已經過了半個世紀。我覺得更難以相信的是，在步入生命中的第九十個年頭之際，我仍然還活著開心地慶祝它出版五十週年。

　　這本書到底有什麼樣的內容，竟然可以引起如此強烈的反應？首先，它的想法令人震驚，並且還出版成書，有一些狂妄，效果卻意想不到。當然，對我來說，並不會覺得震驚。我只是將我所看到人類真實的一面描述出來。作為一個多年研究其他動物行為的動物學家，去關切這個不尋常的靈長類物種——智人——的行為，是輕而易舉的。我決定把重點放在我們與其他動物共同的行為方面，而在我那有關一條小魚的博士論文中的章節標題，與《裸猿》中的章節標題，非常相似，也並非是偶然的。為了強調我的動物學方法，我給了我們的物種取了一個新的名字：一種當來自另一個世界的動物學家，在降落這個星球、並且調查了這個小星球上的許多生命形式之後，所會給予的稱號。

　　我把這個做為起始點，根據我所看到的，直言不諱地說出了這個非常成功的動物的行為。某些批評家說，把人類當作動物來討論，有貶低的意味；但對我來說，這只是把人類這種動物提升到跟我所關心且耗費我大部分時間在調查的其

他物種同一個水平的一個案例罷了。身為成長在第二次世界
大戰期間的孩子，我對那些腦子裡成天想著相互殺戮的成年
人頗不以為然。在一篇投稿到學校的短文中，我將人類描述
為「頭殼壞掉的猴子」。身為所謂對文明產生恐懼的逃兵，
我轉而研究其他物種，成為一個狂熱的動物觀察家，對蟾
蜍、蛇和狐狸的興趣，比對配備槍支和炸彈的人們，更加投
入。正是這場戰爭，把我變成了動物學家，我花了很多年的
時間才接受這個事實，畢竟人類確實有些值得研究的本質。
當他們不再彼此折磨、屠殺或恐嚇時，確實有一些令人感到
新奇的動物本質。在性方面，他們獨具一格，他們的親代照
顧首屈一指，他們的遊戲模式超過了動物界裡的任何其他物
種。我漸漸地開始喜歡他們了。

　　我從早期的魚類研究當中，先轉向鳥類，然後又轉向
哺乳類動物，最終長時間研究黑猩猩。從分類階層上的邏輯
來看，很自然地，人類是下一個研究對象。所以我開始收集
有關他們的演化和行為的資訊。等我準備好了，我從倫敦動
物園哺乳動物館館長的忙碌生活中休假一個月，開始日夜寫
書，直到四週假期結束之前，我已經完成所需的八萬字內
容。我的初稿，也是我的定稿，一氣呵成。我把這些稿件放
在一個文件夾裡，然後把它帶到我的出版商在書店裡舉辦的
一個聚會場合。由於我並沒有影印額外的副本，當他把文件
夾放在書架上時，我擔心它可能會被丟失或遺忘。還好，他
把它帶回家，並且在聖誕節假期中讀了一遍。

　　《裸猿》在 1967 年 10 月初次上架的時候，我最主要受
到來自三方面的攻擊；第一個攻擊，來自學術界。他們批評
這本書的缺點包括：缺少參考文獻、附註，甚至沒有索引，

而且這些疏忽全都是蓄意的。我想要直接向一般讀者傳達訊息，而不是向其他學者炫耀我的博學。我多年來一直都在學術圈裡打滾，但是當我意識到這些大部分工作背後的意義，是這些科學家們將難以理解的無聊議題，用來顯示地位時，我便拒絕再玩。他們已經不覺得溝通有其重要性，反而去參與了一場與學術競爭而不是與傳播理念相關的遊戲。我所要做的就是告訴人們，我是如何看待人類的，所以我用最簡單、最容易理解的語言來寫作，就好像我是和別人在聊天，而不是在講課。對此，我仍然不覺得有任何不妥。

　　第二個攻擊，來自那些說我的書是侮辱宗教的人。把人視為是復活的猿，而不是墮落的天使，已經引起了攻擊。有一次，我出現在電視上為這本書辯護時，我遇到了一位主教，他問我認為人類是否有靈魂。這讓我想到狡猾的政客，在遇到難以回答的問題時，總是反口詰問。因此，我問他認為黑猩猩是否具有靈魂。我從他的肢體語言上得知，這個問題使他感到不悅，因為他知道，如果他說猿猴確實有靈魂，這會讓比他想法更為傳統的追隨者感到不高興；因為他們認為所有的動物，正如聖經上所說的是「不具理解力的野獸」。另一方面，如果他說猿猴沒有靈魂，這會讓他的教徒中那些忠誠的動物愛好者感到不悅。所以他陷入了兩難的困境。但是，如果不具有圓滑外交官的言語技巧，你就無法成為主教。所以在經過一段長時間的停頓之後，他回答說，他認為黑猩猩有一個非常小的靈魂。針對他的答案，我回答說，如果是這樣，那麼，我認為人就是一種非常偉大的動物。

　　事實上，我只是不想轉移焦點，捲入一個關於宗教信仰

的辯論之中。我的書要探討的是，有關人們的行為模式，有關人們的反應方式，而不是人們的思考方式。我在書中描述了宗教人士所進行的活動形式，並且解釋這些活動對群體的價值。但這並未阻止我對宗教的虔誠追求。

第三個攻擊，來自那些認為他們的專業領域被我非常無禮入侵的人。我曾經是一個動物學家，似乎沒有權利闖入人類學、心理學和社會學的專家世界。《裸猿》的撰寫始於一九六〇年代，這些研究的主題是人類所做的一切都是純粹的學習行為，與我們古早的祖先或遺傳基因完全無關。是我提出，我們的基因不僅決定了我們眼睛的顏色，和我們其他身體構造上的特徵，而且也參與、決定我們的行為方式。他們覺得這種說法太過荒謬。但是，如果他們像我一樣，下過功夫研究各種不同物種的行為，就會知道，每一種動物都會從行為的遺傳模式中受益，而且我不覺得人類這個物種會有所不同。誠然，與其他物種相比，我們比較能隨機應變和具有創意。但即使如此，本性也是來自遺傳的。它是我們與其他動物共有的童年童趣的延伸，只是我們更進一步地把它延伸到更為重要的成年生活中，並賦予它新的名字，如藝術創造力或科學發明。

自從 1967 年《裸猿》出版以來，我一直默默地欣賞著遺傳因素對人類行為的影響，愈來愈被科學界接受的方式。現在人們普遍認知到，我們在出生時，體內就有一套遺傳方案，告訴我們應該如何表現，才能享有愜意的生活。我們可以透過訓練，來改變這些已經設計好的途徑，但是如果我們這樣做，就容易遭受各種各樣的挫敗和精神障礙，因為我們今天生活的這些新方式，並不適合我們物種的生物個性。

　　你會注意到我的用語是遺傳方案，而不是遺傳指令。這是因為這些影響並不是絕對死板，我們可以稍有彈性地加以運用，而不會造成太多的傷害。只有在我們太過偏離早先的行為模式時，才會產生麻煩。我在寫《裸猿》時，我想說的是，這就是人類演化的方式，這是我們自然的動物本性。它們是非常特別的，我們則是非凡的動物。對我來說，這並不是一個貶低的信息，它是一種解放。就個人而言，我已經可以過著長壽的生活，而不必把過多的時間浪費在與人類氣質不相稱的活動上。

德斯蒙德・莫里斯，2017

作者序

1994 年版

　　《裸猿》一書在 1967 年首度出版。從我的觀點看來，書中所陳述的都是些理所當然、淺而易見的事情，但還是讓許多人感到十分震驚。

　　有好幾個原因讓他們無法認同書中的內容，其中最主要的原因是，我把人類描述成和其他動物，除了是不同種類之外，好像沒有什麼兩樣。身為動物學家，在過去二十多年裡，我研究了一系列生物的行為模式，這其中包括從魚類到爬蟲類、從鳥類到哺乳類動物。我的論文研究主題涵蓋從魚類的求偶行為、鳥類的配對到哺乳類動物的食物儲存，都是經過專家學者們的審定，而且發表幾乎沒有引起任何爭議。因此，當我想要從一個更為科普的角度來把蛇、人猿和貓熊介紹給一般讀者時，同樣地也沒有引起太大的爭議。這表示少部分有興趣的人在讀完之後，接受了我對這些動物的看法。但是，當我用類似的研究方法，介紹一種不尋常、且會裸露身體的靈長類動物時，這一切都改變了。

　　出乎意料的，我用來描述研究成果的一切字眼，突然間都變成了熱門的辯論話題。我發現人這種動物還是很難接受、面對自己的生物本質。

　　我必須承認，我從來都沒想到過自己居然會需要扮演起

達爾文辯護者的角色。經過百年來科學的進展和更多人類祖先化石的出土，我以為大多數人都已經可以接受人只是靈長類動物裡一個分支的這個事實；而且，在認清自己的動物本質之後，還可以向牠們學習。這是我出版這本書的目的。只是，我很快就意識到我正面臨一個更偉大的戰鬥。

在某些地方，《裸猿》被視為是禁書，教會沒收、燒毀盜版的書，人類演化的思想被嘲諷，書的內容也被視為是一個惡毒的玩笑。我被一堆宗教宣傳小冊子大肆批評，並且被要求修正我的行為。

《芝加哥論壇報》用了一整個專刊批評本書，只是因為刊載其中的一篇書評裡包含了「陰莖」這個詞，讓報社老闆心裡覺得很不舒服。

另外，對性的過度坦率，也是本書受到批評的缺點之一。在同一份報紙上持續不斷地報導暴力和謀殺的新聞；「槍械」這個字眼也頻繁出現。誠如我在當時指出，令人十分不解的是，他們可以接受槍殺事件的報導，但是對於如何面對現實生活卻隻字未提。這實在是說不過去。我只是把研究的主題從「魚類和鳥類」改成「男人和女人」，不知怎地就把「人類偏見」這個沉睡的巨人給喚醒了。

除了打破宗教和性事的禁忌之外，我因為堅持人這個物種是由於天生強大的驅動力所推動，而被指控是「把人獸化」。這和當代心理學理論普遍主張，人們的所作所為是透過學習和條件反射的觀點格格不入。

有人認為我提出了一個危險的思維，把人類框入了一個無法跳脫的獸性本能之中。這又是對我文章內容的另一個誤

解。我實在看不出來所謂的與生俱來的動物衝動會讓人具有獸性，有任何貶損的意味存在。只需稍稍瀏覽本書各章節的內容便可以知道，我所有關於與生俱來的形式包括：形成愛的配偶關係的強烈衝動、照顧自己的兒女、吃多種食物和保持自身的整潔，以呈現和儀式的方式取代流血來化解紛爭。更重要的是，這些形式是在顯示趣味性、好奇心和創意。這就是我們主要的「動物衝動」，硬要說這些是造成我們變野蠻或是具有獸性的原因，是刻意扭曲從動物學角度來詮釋人類的行為。

　　此外，還有一種是來自於政治上的誤解。有人誤以為我把人類描繪成維持在原始的性狀。政治派別裡的極端者認為這實在是太不像話了。對他們來說，人的身段柔軟，可以適應任何政治體系。所有人類的一切舉動，都是由身體內部一套、分別來自父母的遺傳物質所引導的，所以維持在原始性狀這種說法是不為政治獨裁者所接受的，因為這意味著他們極端的社會思想常常會遇到根深柢固的抵制。歷史告訴我們，這樣的事件會反覆發生。獨裁者在歷史上來來去去，都只作短暫的駐留，友善、合作的人性最後將會再度出現。

　　最後，有人覺得，把人稱為「裸猿」是一種羞辱和悲觀的表達方式。這個看法真是大錯特錯。我會採用這個標題做為書名，單純是想嘗試著從動物學角度切入來詮釋人類。看看其他靈長類動物的模樣，以裸猿來形容人類是一個貼切而有根據的描述。如果說這樣的說法是對人類的侮辱，反倒是對其他動物的侮辱。會抱持著這種悲觀態度的人，那是因為沒有看到這種其貌不揚的哺乳類動物出奇成功的故事。

　　1986 年《裸猿》插圖版發行時，有人建議我同時更新本文，我卻覺得只有一個地方需要更新：把原來版本從第三版更正為第四版。在 1967 年，《裸猿》第一版首度發行時，世界人口的數目是 30 億。在第一版和第二版之間的時間裡，世界人口增加到 40 億。到 1994 年，世界人口已經突破 50 億。到二千年時，世界人口將會到達 60 億。

　　我所關心的是，人口數目快速成長對人類生活的影響。在我們數百萬年的演化過程裡，我們在地球上曾經是為數稀少，而且分布在很小部落裡的物種。就是這種部落生活造就了我們，但是並沒有讓我們適應現代都市的生活。部落人猿要如何轉變成為適應都市的人猿呢？

　　這個問題後來成為《裸猿》續集的主題。人們常說「都市是一個水泥叢林」，但是我知道這種說法並不正確。我們知道叢林不會過度擁擠，這和都市是不一樣的。叢林是不受污染、變化非常緩慢的，而都市的發展非常迅速，以生物學上的角度來說，羅馬是可以一天造成的。

　　當我從動物學家的角度來研究城市居民的行為時，的確發現蝸居在擁擠區域裡的居民，讓人覺得他們不像生活在叢林野外般悠遊自在，而像是被圈養在動物園裡的動物。我覺得自己所定居的城市不是一個水泥叢林，而是一個圈養人類的動物園。所以《裸猿》三部曲的第二部書名《人類動物園》就是這麼來的。

　　在《人類動物園》這本書裡，我仔細研究居住在都市裡的人類，在受到來自外界和內在壓力時，顯現出的侵略、性和親職行為方面的表現。當人類從一個部落族群擴張到超級族群時，會發生什麼事？當人的地位變成超級地位時又會如

何？在周遭有成千上萬的陌生人存在時，建立在家庭基礎之上的性行為要如何才能延續？

如果城市讓人內心承受著壓力，為什麼大家還湧向城市？在這個令人感到沮喪的畫面背後存在著一個愉悅的元素，那是因為有著諸多缺點的城市，卻是一個巨大的創新發明、興盛發展重要的育成中心。

在《裸猿》三部曲的完結篇《親密行為》裡，我詮釋人類在面對新環境時，人際關係需要如何表現。在面對現代世界時，我們強烈的性愛需求本質會有什麼樣的反應？在我們的親密關係裡，我們得到了些什麼？又失去了些什麼？

在許多方面的表現，我們仍然十分忠實於我們的生物起源。我們的遺傳設計雖然有十足的可塑性，卻無法做太大的改變。當直接的親密關係不可行時，我們會運用我們的創造能力去設計取代方案，幫助我們度過難關。足智多謀的我們，一方面在享受現代世界所帶給我們科技的舒適性和刺激性的同時，也不忘履行上天所賦予我們必須完成的任務。

這是我們至今能夠成功地生存下來的祕訣，運氣好的話，還可以讓我們在這日益險惡、充滿危機的演化鋼索上繼續向前走。人們把未來描述成一個崩壞、充滿污染的景象，這其實是一個誤導。他們在觀看新聞廣播時，擷取最糟糕的部分，再極度誇大成為充滿黑暗的情節。這些人忽略了兩件事：

第一：我們所聽到的大多是負面消息，在一件暴力破壞事件發生的同時，還有更多不起眼的溫馨事件存在。以我們的數量來說，我們真的是非常能和平相處的物種，只是光靠這種到處充滿和睦景象的特性，很難登上頭條新聞。

　　第二：遠眺未來，這些人總是忽略了改革性創新存在的可能性。每一個世代都有令人驚訝的科技進展，我們沒有理由去臆測這種進展會無緣無故地突然停滯；相反地，它們還會以更快的腳步推進。只要發揮想像力，凡事都有可能發生，只是遲早的問題。不過，雖然我們已經可以把大型的電腦做得像一塊構造簡單的黏土板，我們仍然還是血肉之軀的裸猿。在我們努力不懈追求進展的過程中，就算把我們的近親毀滅殆盡，我們仍然是受到生命法則所規範的生命現象。

　　有鑑於此，我很高興出版在 1967 到 1971 年間的《裸猿》三部曲得以再版發行。在經過了四分之一世紀之後，我所要傳達的訊息依舊──你是有史以來最出類拔萃的物種之一，了解你的動物本性，並且接受這個事實吧！

前言

　　現今世界上共有 193 種的猿猴類存在。其中，有 192 種身體有毛髮覆蓋。唯一例外的是一種全身裸露、自稱為有智慧的人（Homo sapiens，即智人）的猿類。這種稀有、演化極度成功的物種，在大費周章找尋為何他們會具有更高層次動機的同時，也花費同樣時間在故意忽視他的基本動機。他在誇耀自己是最聰明靈長類的同時，卻也儘量避免去提及自己也擁有靈長類動物裡最大陰莖的事實，情願把這桂冠虛情假意地送給了雄壯威武的大猩猩。他是一種擅於言詞、有著敏銳探索能力和擁擠群居的猿。現在，正是我們好好檢視他基本行為的時候。

　　我是動物學家，裸猿又正好是一種動物，他自然而然就成為我筆下的題材。雖然，他有某些令人印象深刻的複雜行為模式，但這不會是我刻意去迴避和他接觸的理由。因為人類在變得更博學的同時，仍然繼續保持著他的裸猿形體；並沒有因為要獲得高尚的新動機，而丟掉現實的動機。這常常是令他感到難堪的原因，相較於在近幾千年內才取得的新衝動，這些舊的衝動已經伴隨著他幾百萬年了。這些在過去演化歷程當中所累積的遺傳物質，是無法快速擺脫的。如果他肯接受這個事實，那麼他的憂慮就會大大地減少，慾求也會

得到更多的滿足。動物學家或許在這方面能幫得上忙。

從過去對裸猿行為研究中發現了一個奇怪的現象，他們總是避開明顯的地方。早期的人類學家汲汲營營在世界各個偏僻的角落疲於奔命，為的是想要了解我們本性的基本真相，跑到非典型、不成功、文化落後的偏遠地區去追尋瀕臨滅絕的文化。最後帶回這些部落在異常婚配風俗、奇怪的親緣系統和神祕的儀式過程方面令人震驚的事實。然後，把這些材料當作是人類行為當中最重要的主軸因素。沒錯，這些工作的調查內容很有趣、很有價值，它告訴我們當一群裸猿誤入歧途、走進文化的死胡同時，會發生什麼事。它說明在社會組織沒有完全瓦解的情況下，人的行為模式到底會偏離常軌多遠。但是，他並沒有提到什麼才是典型裸猿的典型行為──這需要檢查主流文化中，所有普通和成功成員共同的行為模式，這也可說是以主流物種來代表大多數種類。

從生物學的角度來看，這是唯一可靠的研究方法。持反對意見的保守派人類學家則認為，他對技術上簡單部落群聚的研究，要比對高度文明成員的探討，更能接近問題核心。但是我有不同的看法：現今存留下來簡單部落的群聚並不是真正的原始部落，所以缺乏代表性；真正的原始部落已經消失好幾千年。裸猿從本質上來說，是一個不斷探索的物種；任何停滯不前的社會，在某種意義上是失敗的、「出了問題的」社會。有某種因素讓這個社會停滯不前，並且妨礙了這個物種去探索周遭世界的自然趨勢。早期人類學家在這些發展停滯的部落中所發現的特質，很可能正是干擾相關群聚形成過程的特徵。因此，如果以早期人類學家調查所得到的結果為基礎，把它當成通則去描繪人類行為的整體模式，那會

是一種非常危險的作法。

相形之下，精神科醫師和心理分析師針對主流物種的臨床研究，更能接近問題的本質。他們許多早期的研究對象，雖然沒有人類學研究上的缺失，卻仍然免不了有一些偏頗。他們所研究的個體，儘管主流背景不同，仍然不可避免地取樣到異常和失敗的樣本。如果這些樣本是健康、成功的典型個體，他們就不需要去看精神科醫生了，也無法提供訊息給精神病學家的資料庫了。在此，我要再度聲明，我無意貶低精神科醫生和精神分析師研究的價值；他們在分析人類行為形式上的研究，給予我們深刻重要的啟示。整體來說，嘗試著去探討人類最基本的生物本質，不需要過度強調早期人類學家和精神科醫生的研究成果。

（我另外要補充說明的是，我們在人類學和精神病學的研究現況日新月異。現今在這兩個領域裡，有許多研究學者已經意識到早期研究成果所受的限制，因而漸漸有愈來愈多的學者回歸到以典型、健康的個體做為研究對象。誠如最近一位研究者曾說：「我們過去的研究是本末倒置。我們已經處理完不正常個體的相關研究，剛開始要專注在對正常人的研究。也可算是亡羊補牢，猶未晚矣。」）

在本書研究裡所使用的材料，最主要有三個來源：

一、古生物學家根據出土的化石和我們祖先的遺骸，提供有關我們過去的資訊。

二、比較動物行為學家研究動物行為所得到的信息，是透過對許多動物，尤其是對人類的近親猿猴類，詳細的觀察所得到。

三、從當代主要文化中選取最有成就者為樣品，以簡單、直接的觀察方法，把最基本且分布廣泛的行為模式，整合為有用、可供利用的資訊。

由於篇幅所限，在某些方面有必要極度簡化。我的作法是略過大部分有關科技的枝枝節節和避免使用冗長的文字敘述，把重點放在人類生活中與其他動物有可相互對應的方面，例如：進食、打扮、睡眠、戰鬥、交配和育幼等活動。當面對這些根本的問題時，裸猿會有怎樣的反應？他的反應和猿猴類的反應有什麼差別？他在哪方面有獨特之處？他的奇特之處和他的演化歷程有什麼關聯？

探討這些問題時，我已經有可能會得罪一些人的心理準備；總有一些人不願意認真考慮自身的動物屬性，或許他們認為，我用粗俗的動物詞語來探討這些問題時，已經貶低了我們人類的人格。對於造成這樣的誤解，我只能向他們保證，這並不是我的原意。另外，還有一些人會因為他們在動物學領域方面的專業受到侵犯而產生憎恨。然而，我相信這種研究方法很有價值；不管它有什麼缺點，它將會以出乎我們意料的方式，對我們這種非凡物種的複雜本性有所啟發。

第一章
起源

把裸猿和他同種但同樣不長尾巴的黑猩猩、大猩猩排在一起，人類的腿部太長、手臂太短、腳也長得很奇怪，顯然，他已經發展出一種獨特的運動能力；還有一個重要特徵：他的體表幾乎不長毛，除了頭頂、腋窩和陰部長有幾叢明顯的毛髮之外，其他皮膚幾乎完全裸露在外。

在某家動物園的一個籠子上掛著一面牌子，上頭只有簡單的六個字：「這是新的物種」。籠子裡關著一隻產自非洲、腳是黑色的小松鼠。過去在非洲大陸從來都未曾發現過黑腳的松鼠。人們因此對牠一無所知，所以還沒有給牠命名。

　　這種松鼠的存在，對動物學家而言，是一個現實的挑戰。到底牠的生活方式有什麼特殊之處，讓牠與眾不同？牠和現存的 366 種其他種類的松鼠有什麼區別？在松鼠科的演化史上，這種松鼠的祖先由於某種原因，在某一個時間點上和其他種類分開，成為一個獨立的繁殖族群。是什麼樣的環境因素讓牠們分化出來、成為一個新的分類群？

　　新分類群的產生都是先從小規模開始，首先是在某個地區裡，有一群松鼠產生了些許的改變，變得更適應牠所身處的特殊環境。但是在產生變異的初始階段，牠們還是能夠和周遭的近親交配、繁殖。這個新分化出來的分類群在牠自己的特殊地盤上，相較於牠所分化出來的主流種類，擁有些許的優勢，可是牠最多只不過是個小種，很可能無法長存，隨時都有可能被牠所分化出來的主流物種兼併。隨著時間的經過，牠們會愈來愈適應所身處的特殊環境。如果這個新松鼠小種沒有和周遭的鄰居交配，那麼會更有利於牠們獨立形成新種的機會。在這個階段裡，牠們的社會行為和性行為會發

生特殊改變，使得牠們和其他松鼠間交配的機會日益減少，最後產生生殖隔離。首先，牠們身體的組織和結構會變得更適應身處環境裡的食物，接著求偶的叫聲和行為也會改變，以確保被吸引過來的是自己的同類。最後，產生了一個新種和原先物種分離而有所區辨。牠們是一個獨特的生命體，第367種松鼠於焉誕生。

　　當我們看著動物園裡這隻未命名的松鼠時，我們只能做以上這些過程的推演。有一點可以確定的是，從牠腳上黑色皮毛的依據，可以判斷為新種。只不過，這只是一個外表的特徵而已；就像是病人身上的疹子提供了醫師診斷疾病的線索一樣。如果要真正了解這個新種，這個線索只是個開端，看看是否值得再深入去探究而已。我們可以推測牠過去的歷史，只是會有點輕率和冒險。不如我們先謹慎地給牠一個淺顯易懂的標籤，暫時稱它為「非洲黑足松鼠」。然後把觀察到的行為、構造記錄下來，看看和其他松鼠之間有什麼異同之處，然後再一步一步地拼湊出一個完整的故事。

　　我們在研究非洲黑足松鼠時有一個最大的優勢就是，我們研究的對象並非自己，這讓我們可以用謙卑、審慎的態度，從事適當的科學研究。今天，如果研究的對象變成了人這種動物，結果可能就大相逕庭，這樣的差別讓人很沮喪。即使是實事求是的動物學家也很難避免把高傲主觀的情緒帶進研究當中；不過，我們可以用審慎含蓄的態度，把人類當成另一種在解剖檯上等待分析的奇怪動物來研究，如此便能或多或少克服一些主觀因素。那麼，我們要怎麼開始呢？

　　就像研究新松鼠的過程一樣，我們可以先從與人最接

近的種類開始比較；從他的牙齒、手、眼和其他解剖學上的
特徵來看，很顯然地，他是一種靈長類動物，只不過是很奇
特的那一種就是了。有多奇特呢？我們只要把現存 192 種
猿猴類的皮毛展開、排成一列，然後嘗試著把人類的皮膚排
進適當的地方，最後不管他被排在哪裡，看起來都和其他種
類格格不入。最後，我們只好把自己的皮膚排在最後一排，
和同樣不長尾巴的黑猩猩、大猩猩這些大型人猿的皮毛排在
一起；即便如此，他看起來還是很突兀：腿部太長，手臂太
短，腳也長得很奇怪。顯然，這一種靈長類動物已經跳脫基
本形式，發展出一種獨特的運動能力。

　　還有一個值得注意的特徵：他的體表幾乎不長毛。除了
頭頂、腋窩和陰部長有幾叢明顯的毛髮之外，其他部分的皮
膚幾乎完全裸露在外。和其他靈長類動物比較起來，這是一
個很強烈的對比。的確，有些猿猴類的臀部、臉部或胸部也
有部分皮膚是裸露在外。除此之外，在其他所有的 192 種靈
長類動物當中，沒有任何一種和人有相同的情況。這時候不
需要再做更進一步的調查，已經有很充分的理由把這個新物
種命名為「裸猿」。這是在經過簡單的觀察之後，所提出的
一個簡單的描述性名稱，並不需要提出特殊假設。或許，也
能幫助我們掌握分寸、保持客觀。

　　當動物學家注視著這個奇怪的標本時，會對他擁有這
些特徵到底有什麼意義感到困惑，因此，有必要開始進行比
對。還有哪些是難得裸露的地方呢？其他靈長類動物在這
方面無法提供有用的信息，我們必須去找尋更古老的祖先才
行。對現存哺乳動物快速評估後發現，牠們全部都具有保護
性的皮毛，而且在現存的 4237 種哺乳類動物中，很少有能

夠在失去毛皮覆蓋而生存下來的。哺乳類和牠遠古的爬蟲類祖先不同，牠們在生理上具有維持恆定、較高體溫的優點。這使得體內精緻的生理功能能夠發揮最高效率，這種恆溫現象並不會讓動物本身輕易受到傷害或需要放棄這個特性。體溫的調節策略非常重要，擁有一層茂密、毛茸茸和隔離的皮毛，在防止體溫散失上，顯然有著重要的角色；在豔陽高照下，也可防止體溫過高和太陽直曬的皮膚灼傷。如果毛髮一定要消失的話，那麼，很顯然地必須要有一個非常充分的理由。

除了極少數的幾個例子之外，這個重大的改變，只有發生在當哺乳類進入一個嶄新的環境中才會發生。哺乳類中會飛的蝙蝠，為了減輕重量、飛上天空而脫去翼上的毛，但是其他部位的毛仍然被保存下來，因此，不能算是真正裸露的物種。在穴居哺乳類中，有幾種的體毛已經大大地減少，例如：裸鼴鼠、土豚和犰狳。水生哺乳類裡的鯨魚、海豚、江豚、儒艮、海牛和河馬等，在身體變得更流線型的過程中，也失去了體毛。但是，對於所有典型生活在地表的哺乳動物而言，無論是在地面上蹦蹦跳跳的，還是在植物上爬上爬下的，具有濃密的體毛是必要的裝備。撇開像是犀牛和大象這些在身體調溫方面有問題的異常大型動物之外，在數千種長滿濃密體毛的陸棲哺乳動物中，全身無毛的裸猿算是獨一無二的例子。

現在，動物學家必須決定要研究穴居或水棲的哺乳動物？還是特立獨行裸猿的演化歷史？在出訪野外對裸猿現今的形式做觀察之前，首先要追溯裸猿的過去，檢視和裸猿

血緣關係最近的祖先。或許，透過檢視化石和遺骸與比對最近緣現存種，我們可以對裸猿這種靈長類動物裡的新形式，從出現到從人科獨立出來後，到底發生了什麼改變有一點概念。

在過去的一百年裡，科學家們千辛萬苦、費盡心力地搜集了大量的片段證據，篇幅所限無法在本書中一一呈現，所以，先讓我們假定這個任務已經完成，我們只要把熱衷於追求化石證據的考古學家們所提供的訊息，和耐心觀察人猿行為學家所得到的事實結合，然後從這些片段中得到結論，就可以做一個簡單扼要的歸納。

裸猿所隸屬的靈長類是從原始的食蟲類演化而來。早期的哺乳類體型小，並不起眼，牠們緊張兮兮地在安全的森林裡穿梭奔跑，此時正是爬蟲類霸主主宰整個動物界。爬蟲類的勢力在大約距今 5000~8000 萬年前時消退，這些小型的食蟲動物才開始展開牠們在新領地的冒險。牠們分散各地，並演化出各式各樣的形體；有的變成了以植物為食，並且穴居地下以求安全；有的腿部變長，方便逃離敵害；還有長出長爪、利齒成為肉食性動物。雖然大型爬行類已經退位，離開了舞台，但是寬闊的原野再次成為激烈的戰場。

在同一時間裡，灌木叢中小型動物為了安全起見，仍然堅守著森林裡的植物。不過隨著時間的經過，某些改造也有所進展。早期的食蟲動物也開始擴大牠們的食性範圍、克服消化上的問題，開始可以吃水果、堅果、漿果、芽和樹葉。在牠們慢慢演化成為靈長類動物裡最原始的形式時，視覺也跟著改進了，眼睛前移至臉部的前方，手發展成為能掌握食物的器官。有了立體視覺、靈活運用的四肢和漸

漸增大的腦容量，牠們愈來愈顯現稱霸樹棲世界的能力。

　　大約在 2500~3500 萬年前之間，這些猴子的前身——靈長類動物——已經開始具有猴子的本質。牠們開始長出用來平衡的長尾巴，身型也變大許多。其中有一些在日後演化成為以樹葉為食的種類，大多數繼續維持廣食性。隨著時間流逝，其中有一些類似猴子的動物軀體變得更大、更重。牠們不再以蹦蹦跳跳的方式前進，而是雙臂輪替握著樹枝在樹林裡攀緣推進；尾巴也退化了；變大的體型雖然使牠們在樹木之間的行動變得遲緩，但是也使得牠們不用再提防來自地面的威脅了。

　　儘管如此，在這個人猿的階段，牠們仍然有十分充足的理由繼續生活在環境舒適安逸、食物唾手可得的伊甸園森林中。只有當環境產生變化、被迫進入空曠的原野時，牠們才會跟著改變。牠們和早期的哺乳類動物不同，已經特化成為習慣在林中生活的動物。牠們也是經過了幾百萬年的演變，才成就了在森林中貴族式的舒適生活。如果在這個時候離開森林，牠們將會面對來自生活於地面上高度適應的草食性和肉食性動物的激烈競爭。因此，牠們就待在森林裡，盡情享受自己的食物，安安穩穩地繼續過自己的日子。

　　我要特別強調的是，由於某些因素，人猿的演化趨勢只發生在舊世界（即美洲以外的地區）。全世界的猴子都演化成為程度較高的樹棲動物，只不過在新、舊世界裡是二個分開的獨立事件。只是新世界（美洲）的那一支猴子支系，始終都沒能演化成為人猿。另一方面，舊世界裡人猿的祖先廣泛地分布在森林裡，從非洲西部一直到東南亞，形成兩個極端。我們可以從現存非洲的黑猩猩和大猩猩、亞洲的長臂

猿和紅毛猩猩,看到牠們發展過程的遺跡。在這兩個極端之間,所欠缺的就是身具毛髮的人猿了。主要是因為蒼翠繁茂的森林已經不見了。

　　這些早期的人猿到底怎麼了?

　　我們知道,氣候開始發生變化,影響到牠們的生存,在大約 1500 萬年前,牠們在森林裡棲息地的規模大量變小。人猿的祖先被迫要繼續待在森林裡殘破的家園,或是像《聖經》所說的那樣被逐出伊甸園之間二擇一。黑猩猩、大猩猩、長臂猿和紅毛猩猩的祖先選擇繼續留在森林裡,自此之後,牠們的數目就逐漸地減少。只有另一種,也就是現存裸猿的祖先,選擇了離開森林、投入和已經高度適應地面生活的動物面對面競爭的這條路。這是一招險棋,但是從演化成功的角度來看,這一險招顯然是走對了。

　　自此之後,裸猿成功的故事已經家喻戶曉、廣為流傳。不過,如果能有一個簡短的總結會更好。因為,如果我們想要從客觀的角度去了解現代裸猿的行為,就必須要牢記事件的後續發展。

　　來到地面這個陌生的環境,我們的祖先前途未卜。牠們不是要比既存的肉食性動物更兇狠,就是要比草食性動物老前輩更會吃植物;現在我們知道,我們的祖先在這兩方面都勝出。只是農業社會至今不過是幾千年的光景,而我們研究的是幾百萬年的歷史;特別從野外去開發植物,並不是我們早期祖先的能力所及,而是要依靠近代先進技術的發展才行。消化系統還沒進化到可以直接消化草原植物,在森林中吃水果和堅果的飲食習慣,可以改變為吃根莖和球根的食

物，只是限制的條件很嚴苛。過去食物伸手可得的日子不
再，取而代之的是在地面上搜尋食物的人猿，被迫要從堅硬
的地表費力地挖出珍貴的食物。

　　然而，牠原來在森林中並不全然只是靠水果和堅果為
生，無疑地動物性蛋白對牠也很重要，畢竟牠是由食蟲動物
演化而來的，而且在老家森林裡到處充滿昆蟲；肥美多汁的
甲蟲、卵、未離巢的無助雛鳥、樹蛙和小型爬蟲類，都是牠
的美食。此外，這些食物對牠一般性的消化系統，並未造成
太大的問題。到了地面以後，這些食物不虞匱乏，沒有什麼
因素能阻止牠增加攝取肉類。起初，牠無法和肉食動物世界
裡的職業殺手相抗衡，別說是大型貓科動物，就連體型小的
獴都可以置牠於死地。不過，各種動物的幼獸，不論是沒有
抵抗力的或是生病的動物，都是牠獵殺的對象，這使得踏上
肉食的第一步變得輕鬆愉快。然而，真正的大型獵物長著細
長的腿，一有動靜，牠們都能夠以飛快的速度逃離現場。因
此，裸猿光靠雙腿是追不上這些富含蛋白質的有蹄類動物
的。

　　來到了距今大約一百萬年前裸猿祖先的歷史，有一系列
令人震驚且充滿戲劇性的發展，我們有必要去了解到底有哪
幾件事情是一起發生。

　　我們在說故事的時候，常常把它分成幾個不同章節來
講，一個章節結束之後，才進入到下一個章節，彼此之間是
因果相生；這其實是一個錯誤的觀念。早期地棲的人猿已經
有相當發達的大腦，他們的視力佳、雙手的掌握能力也很靈
活；和其他靈長類動物一樣，也有某種程度的社會組織。強
大的環境生存壓力迫使他們發展出更有獵殺能力的技巧，因

而產生了重要的改變。他們站直了身軀，因此能跑得更快、更好。雙手從行動功能轉變為更強而有效率的持拿武器。大腦變得更加複雜，所以頭腦變得更聰明、反應變得更靈敏。這些變化不是一個挨著一個、按照既定順序先後發生的，而是同時進行。細微的改變先在一個個體內產生，然後在另一個也產生，依序刺激、推動。最後，一種以獵食、捕殺為生活方式的人猿就此形成。

有人可能認為，演化也可以傾向不要做太大的改變，只要演變成為像貓、狗一樣的獵食者即可。貓猿、狗猿的形成要比人猿更容易，只要把牙齒和指甲變大，成為兇猛的尖牙和利爪般的獵食武器。只是，這樣古代的地棲人猿又要面對著和既存而且高度特化的貓、狗等獵食者的強烈競爭壓力。也就是說牠們必須和專食性的肉食者一較高低，結果高下立判，毫無疑問，將會是一場災難。（就我們所知，也許我們的祖先的確做過這樣的嘗試，結果是下場淒慘、屍骨無存。讓我們找不到任何競爭之後遺留下來的跡象。）或者，牠們走的是另外一條完全不同的路，裸猿不運用自己身上天生的武器，而是利用材料製造武器，沒想到這條路居然行得通。

下一步驟是，從使用工具到製造工具，這也使得打獵技巧得到改進。獵食武器的改進，同時也促進了社會性的合作。古代人猿以集體狩獵捕獵，隨著獵殺技術的改進，他們的社會組織也更加緊密地結合。狼群獵食時會擺開陣勢、進行圍捕；而獵食的古人猿因為具有比狼更發達的大腦，牠們可以把圍捕的行動轉換成為一個群體溝通和合作的機會，在日益複雜策略形成的同時，大腦的容量也在快速地成長。

　　狩獵的人猿基本上是由雄性所組成的群體。雌性忙於育幼，而無法在追捕獵物中擔任主要角色。隨著狩獵複雜程度的提高、追捕所需的時間也逐漸增長，牠們覺得有必要改變一下長久以來盲目的遊牧生活方式。因此就需要有一個家，用來分享戰利品的固定場所，女人和小孩會在家裡等待分享食物。從後面的章節我們可以知道，踏出建立固定居所這一步，對今日的裸猿各方面的行為，產生了意義深遠的影響。

　　就這樣，到處追逐、狩獵的人猿變成有領地行為的人猿。這種轉變使得牠們的整個性行為、育幼和社會模式都開始受到影響，原有的遊牧、摘取野果的生活方式迅速被取代，牠已經完全脫離了森林中伊甸園的生活；開始有責任心，也開始為一些事情擔憂；這些事情像現在的洗衣機和電冰箱在家庭中所扮演的角色一樣重要。牠開始思考如何讓家庭生活過更舒適，例如：用火、儲存食物、建造人工住所。只是，在此我們必須立刻打住，因為我們已經漸漸脫離生物學的範疇進而轉入了文化的領域。

　　之所以會出現這些進展，從基礎生物學上的角度來看，要歸功於大腦容量的增加和複雜度的提高，狩獵人猿因為有了這樣的大腦，才能跨出這些步驟。但是，這些步驟要往哪裡走，就不再只是特殊遺傳控制機制所能單純掌握的。人猿的演進，從在森林中樹棲到地棲、到狩獵，再到具有領地和築巢的定居行為，最後成為具有文化的人猿；且讓我們先暫時在此打住。

　　值得再三強調的是，我們並不打算在本書討論，讓現代裸猿一直引以為傲，之後大量的文化爆發現象。雖然這一個重大的發展過程，讓他們在五十萬年間從學會生火到製造宇

宙飛行器。沒錯！這是一個令人振奮激動的故事，只是裸
猿很容易陶醉在這些成就之中，而忘記在光鮮亮麗的外表之
下，基本上牠還是靈長類動物。（俗話說，「猴子即使穿上綾
羅綢緞也還是猴子」），人猿上了太空也還是要尿尿的。

　　如果我們審慎地探究我們的起源，然後再從生物學的角
度來探討我們今日身為一個物種的行為模式，我們才能對自
己出類拔萃的存在，做一個公正、客觀地了解。

　　如果我們同意自己的演化歷史誠如前面所概述的，那麼
有一個很明顯的事實，就是我們原本是靈長類動物中的一種
肉食動物。在現存的猿猴類當中，這是獨一無二的。只是這
種食性上的大轉變，在其他物種裡也有例可循。

　　貓熊就是一種在演化過程中徹底轉換食性的絕佳案例。
我們是從素食動物轉變為肉食動物，而貓熊卻是從肉食動物
變成素食動物。和我們一樣，貓熊從很多方面看來，牠都是
一種非常特別的動物。我想要說的是，這種重大的食性轉變
在過渡時期會讓動物產生雙重性格。一旦跨過這個門檻，牠
就會投身新的角色，並且快速演化，以至於還是帶有許多原
有的特徵。這是由於演化的時間不夠長，在取得新特徵的同
時，還來不及甩掉原先的所有特徵。就像原始魚類剛登上乾
燥的陸地時，在牠們陸地的適應特徵快速演化的同時，仍然
保有其水生動物的某些特性。

　　演化出一個嶄新的物種，需要花費上百萬年的時間，最
先出現的雛型都是些奇奇怪怪的四不像。裸猿就是一個典型
的例子。牠的整個身體、牠的生活方式都適合於林中生活，
然後突然之間（所謂突然，是相對於整個漫長的演化歷史而
言），牠被丟到一個全然不同的世界之中。在這個陌生的世

界裡，牠如果想要生存，就必須得像狼一樣具有機靈的頭腦和銳利的爪牙。

我們現在來看看，這些轉變要如何影響牠的身體，尤其是牠的行為；再看看時至今日我們是如何感受這一傳奇的影響。

其中一種檢驗的方法是，一種「完全」以水果為生的靈長類動物和一種「完全」肉食性靈長類動物，把兩種的身體構造和生活方式加以比較。一旦我們釐清了這兩種截然不同覓食方式的主要差別，我們就可以重新回頭去確認裸猿的情況，看看這種四不像是如何撐過來的。

在演化上十分成功的肉食性動物裡有兩類最出色的明星，其一是野狗和狼，另一則是獅子、老虎和豹之類大型的貓科動物。牠們都具有精緻完美的感覺器官和敏銳的聽覺器官，可以活動的外耳能接收到微弱的聲息，如樹葉的沙沙聲和動物的鼻息聲。牠們的眼睛雖然在對靜物和分辨色彩方面不夠完善，但是對移動物體的反應卻是十分靈敏；還有超乎我們想像的靈敏嗅覺，想必在牠們的演化歷史上，一定是經歷過各式各樣的氣味。牠們不但能正確地辨認出單獨個體的氣味，也能辨認出複合氣味裡的單獨成分。

1953 年，有人用狗做了一系列實驗，結果發現狗嗅覺的精準度比人要強上一百萬倍到十億倍。雖然很多人質疑這個令人驚訝的事實，後來更多、更仔細的試驗也未能證實這個結果；然而，就算是最保守的估計，狗的嗅覺靈敏度至少比人要好上約一百倍左右。

除了第一流的感覺器官之外，野狗和大型的貓科動物也具有完美的運動體格。貓科動物發展成快如閃電般的短跑選

手；犬科動物則是有持久耐力的長跑選手。在獵殺過程中，有力的上下顎和鋒利的尖牙也能派上用場，大型貓科動物還會使用具有強健肌肉的前肢，和前肢上長如匕首的爪子。

　　對這些動物來說，獵殺行動本身就是一個目標，一個終結的行為。的確，牠們不會恣意濫殺或浪費食物。但如果牠們是被監禁起來，再給牠一隻已經殺死的動物，那麼牠的獵殺動力會得不到滿足。家犬每次被主人帶出去散步時，或者丟一根樹枝讓牠去撿回來，牠的獵殺基本需求就得到滿足了；不管給予多少狗罐頭都無法抑制這種獵殺的本能。即使是吃得飽飽的家貓，也需要在夜間出去覓食，看看能不能抓到一隻沒有防備的小鳥。

　　這些動物的消化系統已經能夠適應長期挨餓和緊接著暴飲暴食的情況（例如：一匹狼一餐可以吃下相當於牠體重五分之一的食物，對人來說差不多是一口氣吃下 30~40 磅的牛排一樣），牠們所吃的食物營養價值和利用率都很高。只不過，牠們的糞便很髒又很臭，所以有特殊的排便行為模式。有些動物把糞便掩埋起來，也會想辦法用東西覆蓋排便的位置。有些動物排便在遠離住所的地方。當幼獸的糞便把巢穴弄髒了，母獸會把糞便吃掉，以保持居所的整潔。

　　牠們以簡單的方式儲藏食物，像狗和某些貓科動物會把全部或部分獵物的屍體以掩埋的方式保存，獵豹則是把剩餘的獵物安置在樹上。

　　捕殺獵物的激烈運動期和慵懶放鬆期相互交替。在社群接觸時，在獵殺行動中扮演非常重要角色的兇殘武器，就算在輕微的爭執和對抗中，都有可能對生命和肢體構成潛在性

的威脅。如果兩匹狼或獅子發生爭執，由於雙方都是全副武裝，兩造之間的戰鬥有可能在幾秒鐘之內發生斷肢或死亡。如此一來，就會危及種族的生存。這些致命的獵殺武器都是經過漫長時間的演化產生，所以有必要同時發展出強大的克制力，去避免對同種的不同個體使用這些武器。這些抑制力顯然是有遺傳因子所控制，也就是說不必靠後天的學習來得到。在演化過程中，某些弱者特殊順從姿勢的產生，能自動使勝利者藉此得到安撫，不會輕易攻擊已經稱臣的同類。擁有這些信號是「完全」肉食者生活方式中一個重要的部分。

　　不同物種各有不同的狩獵方式。豹通常是單獨出擊，以潛行方式接近獵物，再近距離突襲。獵豹捕食時，也是謹慎地悄然潛行，最後再全力衝刺。獅子獵食時通常是集體行動，先由一隻獅子把獵物驅趕到同伴的埋伏處後，再突擊。狼群則是用圍捕的策略，最後再集體圍攻，殺死獵物。非洲鬣狗的獵食是典型殘酷的出擊，狗群輪番上陣攻擊奔逃的獵物，直到獵物因失血過多而倒下為止。

　　最近在非洲的研究發現，斑點鬣狗也是兇猛的群體狩獵動物，而不是大家所想像的基本上是腐食動物。過去之所以會有這樣的誤解，是因為牠們絕大部分都是在晚上群體出擊。大家在白天所觀察到的腐食舉動只佔獵食行動的一小部分。每當夜幕低垂時，牠們搖身一變為殘酷的殺手，就像鬣狗在白天的出擊一樣地有效率。牠們總是一起出擊，一群最多有 30 隻斑點鬣狗，能輕而易舉地就追上斑馬或羚羊，因為斑馬和羚羊在晚上不敢像白天那樣地全速奔跑。斑點鬣狗首先攻擊獵物的腿部，直到牠因傷脫隊，整群的斑點鬣狗再集中火力攻擊傷者，撕裂獵物的皮肉，直至牠倒地死亡為

止。牠們群居在共同的洞穴裡，每一群或一個「家族」，約有 10 ～ 100 隻的成員。雌性鬣狗只在巢穴附近活動，但是雄性的活動範圍較大，有時候還會漫遊到其他地區。如果這些漫遊的個體被其他不同領地的個體發現有侵入的行為，就會引發激烈的打鬥。但是，同一家族內部的成員卻很少出現攻擊行為。

　　某些動物有分享食物的習性。當然，在大型獵物能夠滿足整個狩獵族群需求的情況下，同伴之間還不至於會發生爭吵。只是，有一些動物分享食物的行為遠比我們想像的還要更加深奧。比如說，已知非洲鬣狗有反芻的特性。在獵捕行動結束之後，牠們會把食物吐出來共享。因此，有人說牠們是擁有「公共胃」。

　　育幼的肉食性動物歷盡千辛萬苦，讓成長中的幼獸能有正常飲食。母獅出獵並帶回肉食，或先行吞下大塊的食物，再反芻出來餵食幼獅。公獅偶爾也會分擔這個責任，但這並不是常態。另一方面，我們知道公狼有時候會到離家十五英哩的地方替母狼和小狼覓食。牠們把大塊帶肉的骨頭帶回窩裡讓小狼啃，或是當場把獵物大塊的肉吞下，等回到狼窩再把肉反芻在門口。

　　這些是某些肉食動物和牠們狩獵方式有關的主要特性。這些特徵和主要以果子為食的猿猴類，有什麼差別呢？

　　高等靈長類動物的視覺比嗅覺感官靈敏多了。當牠們還在樹林中攀爬的時期，看得遠要比聽得清楚來得更重要。口鼻部相當程度的內縮，讓視野更加寬廣。在找尋食物時，果皮的顏色是非常有用的依據。和肉食動物相比較，靈長類動

物演化出很好的色覺系統，在對靜物微小細節的分辨力也相形勝出。那是因為牠們的食物是不會移動的，察覺物質細微的移動比不上辨識外形和口感的差異來得重要。但是對牠們來說，聽覺對需要依賴敏銳聽覺來追蹤獵物的肉食動物而言更為重要。牠們的外耳比較小，而且不像肉食動物的耳朵可以轉向。牠們的味覺改善許多，食物種類更趨多元，而且風味獨特，口味變多了；特別是對甜食的強烈積極反應。

靈長類動物的體格非常適合攀爬，但不適合在地面上盡力衝刺，也不擅長於需要耐力的持久運動。牠們是有靈活身軀的特技演員，而不是體格魁梧的強壯運動員。牠們的雙手適合抓握，只是不擅於撕扯或打擊。上下顎和牙齒相當有力，但是和肉食動物巨大、可以鉗咬、嚼碎的尖爪利齒相較，實在是大為失色。牠們偶爾捕殺小型、不起眼的動物，並不需要花費多大的力氣。事實上，捕殺動物並不是靈長類與生俱來的本能。

進食分散在一天中很多的時段進行。猿猴類不會暴飲暴食，而是終日不斷地咀嚼——終生零嘴不斷。當然，還是有休息的時刻，通常是在中午和晚上。只是，這種進食習慣仍然和肉食性動物的進食習慣形成強烈對比。牠們的食物是靜止不動的，唾手可得。唯一會影響牠們遷移的原因，不是因為吃膩了同一種果子，需要從甲地搬遷到乙地，就是由於季節的變換導致果子種類的更迭。除了某些猴子會在顎骨的下方長有頰囊，當來不及嚥下食物時，可以暫時保存之外，牠們並沒有儲存食物的習慣。

牠們糞便的味道不像肉食動物的那麼臭，而且一旦排出就直接從樹上落下，遠離動物本身，所以沒有養成特別去處

理糞便的行為。由於他們總是居無定所，所以單獨把一個地方弄髒、弄臭的可能性很低。就連有特殊位置、築巢而居的大人猿，每晚也都會變換位置，所以牠們不用太擔心巢內的衛生問題。（儘管如此，在非洲一個地區裡的調查，很意外的發現，99％的大猩猩舊巢中有糞便遺留，而有73％的大猩猩事實上就躺在糞便之中。這樣免不了會增加反覆感染疾病的機會。很明顯的，這說明了靈長類是如何不在乎自己的衛生問題。

由於食物靜止不動、數量豐富，靈長類動物的群體不需要分頭去找尋食物。牠們集體行動、一起脫逃、吃睡也在一起，生活在緊密結合的社群中，每一位成員處處留意其他成員的一舉一動。在任何時刻裡，每一位成員對其他成員的行為舉止都能確實掌握。這是一個和肉食動物截然不同的程序過程；就算是在某些偶爾會分裂成一小群的靈長類動物裡，每一小群都絕對不會只有一個單獨行動的個體。落單的猿猴是非常脆弱的，牠既缺乏肉食動物所擁有的強大武器，單獨行動更容易成為暗中殺手的俎上肉。

像狼群一樣有合作精神、集體出擊的肉食動物，在靈長類動物裡是不存在的。競爭和統治是家常便飯。當然，在肉食動物和靈長類動物的社會階層裡，都存在著競爭機制；但是在猿猴類裡，因為合作的精神，所以比較沒有火藥味。複雜而協調的策略並不需要，因為取食的行動順序並不需要以這種複雜的方式串在一起。靈長類動物邊找邊吃，時時刻刻都可以過得不只是溫飽而已。

因為靈長類的食物俯拾皆是，所以牠們不需跋山涉水。有人仔細研究現存的最大靈長類動物大猩猩，追蹤牠們的活

動；結果發現牠們平均每天移動大約三分之一英哩；有時牠們一天才移動幾百英呎。相對地，肉食動物大部分的狩獵出擊常常會超過好幾英哩。在某些情況下，也有一次出擊的距離超過五十英哩以上，要花好幾天才能回家。對肉食動物而言，回到固定的家是很正常的行為；但是在猿猴類行為上卻不常見。沒錯，一群靈長類動物會選擇住在一個合理、明確界定的活動範圍內。但是在選擇晚上睡覺的地點上，則是隨遇而安，就看累的時候走到哪就睡在哪。由於在這個地區內頻繁走動的緣故，牠們很熟悉自己所生活的地區，但是對整個地區的使用，則是採取隨興的方式。還有，牠們群體間的互動方式，相較於肉食動物群體間要少些防禦性和攻擊性。按照字面上的意思來說，領地是一個需要受防衛的區域。照這個標準來看，靈長類動物並不是一種典型的領域型動物。

有一個和現在所談的主題不相關的小觀點：肉食動物身上會有跳蚤，而靈長類動物則沒有。猿猴會受到蝨子和體外寄生蟲的折磨。但是，有一個主要原因讓一般人認為牠們不會受到跳蚤的騷擾。

讓我們先看看跳蚤的生活史：跳蚤不會把卵產在寄主的身上，而是產在寄主睡覺地點旁邊的小碎屑裡。跳蚤產卵三天後，卵會孵化成體型小、會爬行的幼蟲。這些幼蟲不會吸血，而是以巢穴中堆積的塵土和排泄物為食。兩週後，幼蟲作繭化蛹。蛹在繭中休眠約半個月後，再破繭而出，變為成蟲；隨時準備跳上新的寄主身上。跳蚤最起碼在生活史中的第一個月裡，是不需要依賴寄主的。這也說明了為什麼像猿猴之類居無定所的哺乳類動物，不受跳蚤的騷擾。即使偶爾

有一些零星的跳蚤，跳上了靈長類動物，像是猿猴之類的身上，成功交配且產下了卵，當猿猴到處走動時，卵塊也會被甩掉。如此一來，當跳蚤破繭而出之時，便不會有寄主「在家」等著再續前緣。所以，跳蚤是居有定所動物的寄生蟲，肉食動物就是一個典型的例子。

此一觀點的意義何在？稍後說明。

比對肉食動物和靈長類動物不同的生活方式時，我很自然的把田野獵人放在一邊，另一邊則是居住在森林裡，以果子為食的素食主義者。兩邊當然都有例外的情形。但是現在我們必須把焦點放在其中一個主要的例外——裸猿，他到底能改變自己到什麼程度？他把吃果子的傳統食性和新適應的肉食習性互相融合，這種轉變到底會把他變成什麼樣子的動物？

首先，裸猿的感覺器官不是用來適應地面生活。他的嗅覺太差，聽覺也不夠靈敏。他的體格太弱，無法承受持久的耐力考驗和爆發性的衝刺。在個性上，好勝多過合作的精神，不善於規劃和缺乏專注力。還好，他的腦袋還算靈光，智力起碼勝過他的肉食性同類。從四腳爬行到站起來用雙腳走路，使得他的四肢都發生了改變，再加上大腦的精進並將其功能發揮到極致，他看起來勝券在握。

這整個過程說來輕鬆，卻是耗費漫長的時間才達成。而且就像我們在後面章節所見，這對裸猿日常生活的其他層面也產生了影響。現在我們暫時需要關注的是，這是如何達成的？以及它是如何影響裸猿狩獵和飲食的行為。

由於決定這場戰鬥勝負的關鍵在於智力而非體力，所以

在演化步驟上必須有重大的改變，足以令腦力增強才行。實際上發生的過程也很奇妙：首先是從狩獵人猿變成幼年期拉得很長的人猿。這種演化上的訣竅並非是獨一無二的。在其他物種身上也有例可循。簡單說來，這種過程稱為幼體持續（*neoteny*），即幼年期的某些特徵保留到成年期。（有一個著名的例子是一種蠑螈，終生維持幼期的蝌蚪形態，但是具有生殖能力。）

　　如果我們觀察猴子胎兒大腦的發育過程，就能完全理解幼體持續現象，是如何在靈長類動物腦部發育成長過程中扮演重要的角色。在出生前，猴子胎兒大腦的大小和複雜度發育迅速。出生時，幼猴的大腦大小已經達到成年期的 70％；剩下的 30％ 在出生後的六個月內也會全部完成發育。黑猩猩的腦部也會在出生後一年內發育完成。相對地，我們的腦容量在剛出生時只有成年期的 23％。在之後的六年間，持續地快速成長，一直到 23 歲時，整個大腦的發育才算完成。

　　人類在性成熟以後，大腦大概要再經過十年才能完成發育。但是黑猩猩的大腦在生殖活躍的六、七年前就已經發育完成。這說明了我們為什麼會被稱為是嬰幼期拉得很長的人猿。不過，我們有必要在此對這句話稍做解釋。我們（或者是說我們的狩獵人猿祖先）只有在某方面維持在嬰幼期狀態。人類身體各部位發育的速率都不一樣，比方說當我們生殖系統已經發育完成之時，我們的大腦生長速率卻還慢慢吞吞；身體的其他部分也是如此：有些部分發育得非常緩慢，有些部分只是稍慢，還有一些則是正常發育。換句話說，有一個差異性嬰幼期的過程存在。一旦這種趨勢開始進行，身體任何部分的幼體持續現象，只要是有利於物種的生存，天

擇都會起推動作用，讓物種得以在不利和困難的新環境中生存下來。人的大腦並不是唯一受到影響的器官，同樣的方式也影響人的體態。哺乳類動物胎兒頭部的軸線和軀幹的軸線成直角。如果胎兒在出生時仍然保持這種狀態，當他趴著向前走時，他的頭部就會朝下。只不過，在他出生的時候，頭部會向後轉動，使得頭部和體幹成一直線；然後，在他出生後開始到處走動時，他的頭部就會以正常的方式朝向前方。如果這樣的動物開始站起來，以後腳行走，那麼他的頭部就會朝上，仰望天空。

因此，對於直立行走的動物而言，比如，狩獵人猿出生之後，頭部繼續保持胎兒時期與軀幹的垂直角度是很重要的。如此一來，雖然運動的位置改變了，頭部仍然是朝著前方。當然，這正是人類在演化過程中所經歷的事情，出生前的狀態一直被保留下來到出生後的幼兒期，甚至延續到成人期。這也是一個典型的幼體持續的例子。

狩獵人猿還有許多其他特殊的身體特質，同樣的也可以這種方式來解釋。這些身體特質包括：細長的頸部、扁平的臉部、小巧的牙齒、遲來的冒牙期、不發達的眉脊和不能轉動的大拇指等。

許多胚胎時期裡的不同特徵，讓狩獵人猿在適應新環境裡的角色上，有很高的潛在價值。這些特徵都是他在演化上必要的突破。在他的幼體持續特徵裡，他既有足夠聰明的大腦，也有能夠配合的身體。他可以直立奔跑，還能空出雙手使用武器，同時發達的腦部也讓他能夠開發武器。不只是這樣而已，他不僅變得更聰明，能操作各種物體；而且他的童年期延長，讓他有足夠的時間從父母和其他成人身上學到

更多事情。小猴子和小黑猩猩很調皮、喜歡探索，富有創造力，只是牠們的幼童階段太過短暫了。相對地，裸猿的嬰兒期特徵一直持續到他性成熟的成人期，所以他有充分的時間去模仿、學習前人所設計的特殊技巧。身為獵人，他在體質和本能上的弱點，可以從他在智力和模仿力上的能力來補其不足。他可以從他父母處接受指導，這是其他動物所沒有的。但是，只有後天的教導是不夠的，還需要先天遺傳的幫忙才行。狩獵人猿在本性基本的生物學的變化就必須要符合這個過程。假設我們挑選一個前面提過、典型的住在森林中，以果子為食的靈長類動物，然後只是賦予他一個大腦和狩獵的身軀，而沒有其他多餘的改變，就這樣他想要變成一個成功的狩獵人猿是沒那麼容易的。他的基本行為模式會有問題；他可能會把事情想清楚，計劃周詳，但是他更基本的動物本能將會是錯誤的模式。他所接受的教導和他的自然性向會格格不入，不僅在取食行為，在和他一般的社會行為、侵略行為和性行為，以及和他以前早期靈長類動物時所有基本行為方面都不合。如果遺傳控制的改變不在這裡形成，那麼對小狩獵人猿的新教育，必然會是一件不可能的艱苦工作。不論大腦的高級活動中心是一部多麼靈活的機器，仍然需要其他一般器官的改變支持，才能讓後天的文化訓練發揮最大的實力。

現在讓我們再回頭討論典型的「完全」肉食動物和典型的「完全」靈長類動物的差別，我們大概可以推測一下發生的過程如下：比較發達的肉食動物把覓食（捕捉和獵殺）與進食行動分得很清楚。這是兩種截然不同的動機系統，彼此

之間的依存度低，而且連起來的整個過程冗長而艱辛。進食這個動作離捕獵還有一段時間，所以獵殺這個動物本身就必然要成為一種報酬。在對貓科動物的研究中指出，這整個行動的過程必須要再細分才行。從捕捉獵物、殺死獵物、準備要吃掉獵物，如拔毛，最後吃掉獵物，以上每一步驟都有部分各自獨立的動機系統。其中任何一種行為模式的飽足，並無法讓其他模式也跟著得到滿足。

對於以果子為食的靈長類動物而言，情況就完全不同了。每次的進食過程是由簡單的食物搜尋，再來就直接吃，這兩個主要步驟緊密連接；所以沒有必要分成兩個動機系統。對狩獵人猿來說，這個情況必須要有所改變，而且要有很大的改變。捕獵本身不再只是一個因為單純想要吃東西，而去進行的食慾程序，也許像貓科動物一樣，捕捉、獵殺和準備吃獵物，這三個步驟，每一個動機都有各自的目標，所以可以各自終結。每一個目標都必須得到表現，滿足其中一個目的，並不會削弱另一個目的。我們如果檢視現代裸猿的飲食習慣，就可發現有很多跡象顯示，的確有這種情況出現。

除了變成生物學（相對於文化上）上的殺手之外，狩獵人猿還必須改變進食行為的時間安排。整天吃個不停、少量多餐的取食方式退場，取而代之的是，間隔一段時間享用一頓大餐的方式。他們也開始有了儲存食物的習慣。有一個回到固定居所的基本傾向必須被要儲存到他行為的系統中。方向定位、回到住所的能力必須要再加強。排泄物必須成為在空間上有良好安排的行為模式，從靈長類動物的公共群體模式，轉變為肉食動物的隱私活動。

　　我在前面提到，住所固定之後的一個現象就是蚤類的寄生。我也提到只有肉食動物才會有跳蚤寄生，靈長類動物不會有。如果狩獵人猿的固定住所在靈長類動物裡是獨一無二的，那麼我們就預期他會打破靈長類動物不長跳蚤的法則。而情況看起來也的確是如此。我們知道，現今我們身上的確有跳蚤，而且還是一種特別的跳蚤。這種跳蚤和其他肉食動物身上的跳蚤並不同種，牠是在我們身上，和我們一起演化出來的。如果牠有足夠的時間在我們身上演化成新種，那麼牠一定已經和我們共存很久了；可能早在我們變成狩獵人猿時，牠就已經成為一個不受歡迎的同伴。

　　在社交上，狩獵人猿和同伴之間的溝通和合作方面的動力，必須要大大地加強。面部表情和聲音表達都必須要更複雜。當手中握有威力強大的武器，他就必須要發展出強而有力的訊息，以避免社群內部的互相攻擊。另一方面，由於需要防衛自己固定的家園，他就必須要發展更強大的進攻武器，以應付來自對手的挑釁。由於新生活方式的需求，必須降低他在靈長類動物在本能方面的強烈衝動，絕對不能離開群體。

　　一方面由於他新建立的合作精神和食物來源不固定的緣故，他一定要養成食物共享的習慣。就像先前所提到的，公狼會把獵物帶回巢穴分享一樣；雄性狩獵人猿也必須把獵物帶回家，讓負責育幼的雌性及成長緩慢的幼兒享用。由於一般靈長類動物的育幼法則，都是由雌性負責親代照顧，所以這種父愛行為一定是新近發展出來的。（只有一種聰明的靈長類動物，例如我們的狩獵人猿，才能辨識自己的父親。）

　　狩獵人猿幼兒依賴親代照顧的時間很長，需要父母深度的照顧，雌性幾乎永遠被羈絆在家裡。在這方面，狩獵人猿的新生活方式產生一個和其他典型肉食動物不同的特殊問題：兩性所扮演的角色，必須有更進一步的區分。不像其他完全肉食動物，狩獵人猿的出獵團體必須清一色是男性。假如說有什麼是和靈長類動物的特性不同，那就是明確的兩性分工制度。當一隻強壯的雄性靈長類動物踏上狩獵之旅，而把所有的雌性留在無人保護的居所，結果卻讓其他雄性佔為己有，這樣的情形從未發生。不管多少後天的文化教導也無法造就這樣的個性。這就是社會行為上所必須要做的重大改變。這種改變就是長期的配偶結合。雌雄兩性的狩獵人猿必須要先墜入情網、彼此忠誠。在許多其他動物族群裡，這個一個很常見的現象，只是在靈長類動物裡較為稀有。

　　形成配偶制度可以一次解決三個問題：
　　第一：這表示當雄性外出狩獵時，雌性與和她結為配偶的雄性之間關係仍然緊密相連。
　　第二：雄性彼此之間激烈的性對抗可以大大地降低，這對雄性之間形成合作關係大有助益；如果要集體狩獵成功，那麼不管是較弱的雄性，還是較強的雄性，都必須做好本分才行。每個人都是主角，沒有人會被排擠到社會的邊緣，而淪為配角；不像在其他靈長類動物裡一人稱王，其餘臣服。而且，由於狩獵人猿擁有自己發展出來的致命武器，狩獵人猿承受很大的壓力在壓抑自己避免和族人之間有不和諧的產生。
　　第三：一雌一雄的生育單位，後代因此也能受惠。養育

和訓練成長緩慢幼兒的工作繁重，需要一個凝聚力很強的家庭。在其他動物類群裡，不論是魚類、鳥類或哺乳類動物，當單親家庭的重擔太大時，都可以看到緊密結合的配偶，尤其是在繁殖季節裡。這也正是狩獵人猿所經歷的過程。

如此，雌性能確保得到雄性的支持，因而專注於盡母親的責任。雄性能確保雌性的忠貞，可以放心出獵和避免為了爭奪雌性而和其他雄性大打出手，後代也能得到最佳的照顧。聽起來這是一個相當令人滿意的解決方式，只是這牽涉到靈長類動物社會和性行為之間的重大改變。我們從下文可以了解這並不是一個無懈可擊的改變。從今天行為的角度來看，這種改變的趨勢只完成了一部分，我們早期靈長類動物的衝動仍然以較小的規模不斷重現。

於是，就這樣狩獵人猿扮演了致命的肉食動物角色，他靈長類動物的生活習性也因此發生了改變。我曾經提出，這些變化並不只是單純的文化特性上，而是基本的生物學上的改變，而且這個新種在遺傳上以這種方式做了改變。你或許認為，我的推測並不合理。你也許覺得，這是文化灌輸的力量，所以很容易透過訓練和新傳統的發展來達成。但是我認為這是不可能的。只要看看我們今天的行為就可以知道，事情並非如此。文化發展給我們帶來愈來愈多令人印象深刻的技術發展，只是當技術發展和我們的基本生物特性發生牴觸時，技術發展都遇到了很大的阻力。

在我們還是早期狩獵人猿時，就已經成形的基本行為模式，仍然在我們日常生活裡的大小事件中，處處顯露痕跡。如果我們一些日常活動的組織，如：進食、恐懼、挑釁、兩

性關係和親代照顧等，完全是透過文化、教養的方式發展出來，我們現在應該要學會掌控得更好才對，使它們在科技進步下，仍能符合日漸增多的額外需求。只是，我們還沒能走到這一步。我們不斷地屈服於我們的動物本能，默認在我們身體裡面攪和的複雜獸性的存在。如果我們能坦然面對，就會承認存在我們身體中的這種古老且複雜的獸性，就算經過相同天擇的遺傳過程改造，也得花上數百萬年的時間才能改變。在此同時，如果我們能巧妙的規劃，讓這些獸性不會和我們的基本需求相牴觸，或是受到壓抑之後，我們極端複雜的文明才會興盛。只是我們的理性思考和感性直覺未必永遠協調。有很多例子能夠說明到底是哪出了差錯，造成人類社會的瓦解或停滯不前。

在後面的章節裡，我們會想辦法知道人類社會的瓦解或停滯到底是怎麼發生的。然而在此之前，我們必須得先回答一個問題，即在本章剛開始所提的問題：當我們第一次接觸到人這個奇怪的物種時，會馬上發現到他有一個特徵，突顯出他在跟他並排比較物種間的與眾不同。

這個特徵就是他裸露的皮膚，也因此身為動物學家的我，把他稱為「裸猿」。此後，我們看到還有許多其他適合的名稱來給他命名：直立猿、匠猿、智猿和領地猿等等。但是，這些名稱並不是我們最先注意到的事情。如果單純只把他當作是博物館裡的一個動物標本，他給大家的第一個印象就是「裸露的皮膚」。

「裸猿」一詞也是在本書裡會持續沿用的名稱。這只是為了要和動物學在其他方面的研究能夠一致，並提醒我們這是開始研究人類一種特殊的起頭方式。只是，這個奇怪的特

徵到底有什麼特殊的意義存在？是什麼原因讓狩獵人猿變成
裸猿？

很可惜，化石證據並無法提供皮膚和毛色差別的證據。
所以我們完全不知道，在人類演化過程中，到底是何時發生
像體毛脫落這等重大事件？我們很有把握的說，在我們祖
先離開森林之前，這個事件應該尚未發生。像這麼奇特的發
展，看起來更像是我們的祖先在空曠草原生活後，歷經巨大
轉變所產生的新特徵。只是，它究竟是如何發生？又是如何
有助於新誕生人猿的生存？

這個問題已經困擾專家們很久，也提出了很多富於想像
的理論，其中一個最有可能的理論是，體毛脫落是幼體持續
過程中的重要部分。如果你檢視黑猩猩的新生幼兒，就會發
現牠有一頭毛髮，但是身體幾乎赤裸。如果這個幼體持續狀
態延續到牠的成年期，成年黑猩猩的毛髮分布狀況會和我們
非常相似。

有趣的是，我們人類並非全面性受到幼體持續所產生的
毛髮成長抑制現象。成長中的胎兒和典型哺乳類動物一樣開
始全身長毛，因此在媽媽腹中 6~8 個月大的胎兒，幾乎全身
都被毛髮所覆蓋。這一層胎兒的外衣被稱作胎毛，會一直維
持到出生前夕才會脫去。早產兒在出生時因為來不及脫去胎
衣會嚇到父母，但是除了少數幾個例外，通常胎毛都會很快
就脫落。全身長滿毛髮的成人家族，至今不過三十幾例。即
便如此，我們成年人身體的毛髮數的確不少，事實上，比我
們的黑猩猩近親還多。與其說我們失去了全部的毛髮，不如
說我們是長出了短毛。（附帶說明一下，並不是所有人種都
是如此，很明顯地，黑人的汗毛的確較短、數目較少。）這

些事實讓有些解剖學家宣稱，我們不能認為自己是無毛或是裸體的猿。有一位權威學者甚至說：「我們是靈長類動物中體毛最少種類的說法，絕對不是事實，還有許多奇怪的論點被提出，作為想像失去毛髮情節的依據，其實是不必要的。」這真是胡說八道，就好比說有一對眼睛的就不是盲人。從功能上說，我們是一絲不掛，我們的皮膚完全暴露在外，不論在放大鏡底下能數清我們有多少細毛，我們還是必須對此做出解釋。

　　體毛是如何脫落的？幼體持續現象提供了一個線索，只是，它無法說明作為一個物種的新特徵。

　　裸體要如何讓裸猿在不利的環境中過得更好？或許會有人說，裸體毫無價值，它只不過是其他更重要幼體持續變化特徵的副產品，比如是大腦發育。但是誠如我們在前面已經看到，幼體持續是差別延緩發育的過程之一。有的特徵比其他特徵成熟更為延緩，它們成熟的速率是不協調的。因此，像裸體這種有潛在危險的嬰幼期特徵，只是因為其他幼態特徵的延緩發育而被保留下來，這是不太可能的。除非它對新種有特殊的生存價值，否則它很快就會被天擇淘汰。

　　那麼，裸露的皮膚在生存上有什麼好處呢？其中一個解釋是，當狩獵人猿放棄游牧式的生活，改為定居式生活時，在他的住所裡有大量的皮膚寄生蟲為患。每晚重複使用同一睡眠場所，提供各種蜱、蟎、跳蚤和蝨子一個食物異常豐富的繁殖場所，最後數量多到讓狩獵人猿暴露在遭受嚴重的疾病風險當中。脫掉他身上的皮毛外套，這個定居巢穴者才可以好好地對付寄生蟲的威脅。

　　這個觀點可能有它存在的道理，只是看不出有什麼重大意義。在數千種居有定所的哺乳類動物當中，很少有脫去皮毛成為裸體的種類。話雖如此，如果還有其他因素能促使脫毛裸體的順利發展，那麼趁此機會擺脫這些惱人的皮膚寄生蟲就變得簡單多了。直到現在，多毛的靈長類動物每天還在花相當長的時間在清除這些寄生蟲。

　　另一個論點相似的說法認為，狩獵人猿的進食習慣不佳，進食時會把食物殘渣掉在多毛的身上，不僅弄髒毛髮，還使毛髮打結，同樣會提高染病的風險。另外一種說法指出，兀鷹取食時把頭和脖子伸入血淋淋的獵物屍體之中，以致頭頸部的羽毛全都掉光。依此類推，如果狩獵人猿因為不好的進食習慣導致全身性皮毛的污染，因而使毛髮掉光。但是，狩獵人猿應該是先學會利用東西清理毛髮，之後才學會製造獵殺動物和剝掉獸皮的工具。就連黑猩猩遇到排便困難時，偶爾也會拿樹葉當衛生紙，協助處理清潔問題。

　　另一種說法是：由於火的發明而導致失去體外皮毛。有人說，狩獵人猿只有在夜間才會覺得冷，當他開始有機會坐在營火邊享受溫暖時，就可以捨棄體毛，也因此解決了他在白天曬太陽的過熱問題。

　　還有一種具有獨到觀點的理論認為，當初居住在地面的人猿在離開森林變成狩獵人猿之前，經過了一段長時間的水生人猿時期。我們想像他前往熱帶海邊去找尋食物，在那裡找到數量相當豐富的貝類、蝦蟹類動物和其他海邊生物，海邊比原野上的食物來源更豐富、更有吸引力。起初，他先在岩岸邊的水坑和淺水區中搜尋食物，後來他開始游向較深的水域並潛水找尋食物。據說，在這個過程當中，他與其他回

到海洋中生活的哺乳類一樣，失去體毛。只有伸出水面的頭部，仍然保有毛髮，目的在防止直射的陽光。後來，當他所使用的工具（最初的設計是用來撬開貝殼）發展到一定的進展，就會離開供給他食物來源的海岸搖籃，進入開放的原野空間，成為一個新的狩獵人猿。

人們認為，這個理論說明了我們今日為什麼能在水中靈活的游泳，而我們現存的近親黑猩猩在水中顯得無助、容易溺斃。它也解釋了我們流線型的身體和直立的姿式；為了進入深水區而形成直立行走的姿勢。它也說明我們身上汗毛奇怪走向的特徵；仔細檢查發現，我們背部汗毛的走向和其他人猿的分布情形不同。我們的汗毛向後，成對角線走向，向內指向脊柱；這種汗毛的走向，正是游泳時，水流順著背部的流動方向。這說明了如果體毛在消失之前，先發生走向變化，那麼這個改變正是為了要減少在水中游泳時所產生的阻力。

此外，又有人指出，在所有的靈長類動物裡，我們有一個獨一無二的特徵——擁有一層較厚的皮下脂肪；也被認為是和鯨魚或海豹的脂肪功能相當的組織，是補償性的絕緣裝置。有人強調說，沒有人可以解釋我們這個解剖學上的特徵。甚至連我們手掌感覺異常敏銳的這個特性，都被用來支持水生演化的論點。畢竟，一個相當粗糙的手可以握住棍棒和石頭，可是在水中摸食物卻需要一隻感覺細膩的手。或許這就是當初地面人猿從水生人猿處獲得一雙超級細膩的手，然後狩獵人猿再接收了這雙現成的禮物。最後，水生理論指出傳統的化石探勘者，他們在挖掘我們自遠古以來最主要缺失環節方面非常失敗；並提供了可靠的情報，建議他們要不

怕麻煩地去構成非洲岸邊一百萬年前的地區找一找，可能就
會找到對他們有利的證據了。

　　可惜，這個建議方案尚未被實現。雖然水生理論已經有
些令人心動的間接證據，但還是缺乏紮實證據的支持。它能
簡潔地說明許多特徵的演變過程，但是需要大家先接受一個
缺乏直接證據、假設性的重大演化現象。（就算最後事實證
明這個假設是真的，它也不會和現在已經被普遍接受的狩獵
人猿是地面人猿演化而來的論點相牴觸。水生理論單純想要
表達的是，地面人猿歷經了一段難能可貴的洗禮儀式。）

　　另外一個完全不同論點的說法認為，體毛脫落不是為了
要適應自然環境，而是社會發展的一種趨勢。換句話說，它
的發生不是一種機械裝置，而是一個信號。一些靈長類動物
身上有裸露部分；在某些情況下，它被當作是物種之間的辨
識標記，讓同種間的猿猴可以辨識同類或是其他類群。狩獵
人猿身上體毛的脫落，被認為是天擇逢機篩選的特徵，在偶
然的情況下被選作為辨識的標記。當然，不可否認的，赤裸
裸的身軀可以讓裸猿輕而易舉地被辨認出來。但是，要達到
容易辨識這個目的的方法有很多種，沒必要採取激烈的手段
去犧牲一個有保溫價值的外套。

　　還有一個觀點，對體毛脫落持相同看法，把體毛的脫落
認為是性信息的延伸。據說，在哺乳類動物裡，雄性體毛比
雌性的要來得多；把這種性別上的差異，更進一步可以延伸
為，雌性裸猿因此對雄性裸猿變得愈來愈有吸引力。脫毛的
傾向對雄性也造成影響，但是程度較輕，他們還有留下特殊
對照的毛髮區（鬍子）以表示和雌性的差別。

　　最後的這個觀點，或許可以明確解釋有關體毛脫落在性別方面的差異。但是，它也遇到相同的困擾，只是為了讓外表看起來更性感，而失去具有保溫功能的體毛，即使有皮下脂肪作為保溫的部分補償，這個代價也實在太高。所以，這個觀點後來修正為，脫掉體毛與其說是變得更性感，不如說是讓肌膚上的觸感更加敏銳。因此，有人說兩性在性接觸的過程中暴露身體，可以提高彼此在性刺激方面的敏感度。在有固定配偶的物種裡，裸體可以升高性活動的興奮度，由於強化了性交的回饋，配偶的關係就會更加緊密結合。

　　也許，對裸體狀況最常見的解釋是，它是作為一個散熱的手段。狩獵人猿在離開蔭涼的森林後，讓自己暴露在前所未有的高溫之下，因此褪去多毛的皮毛以防自己中暑。從表面上看來，這是一個很合理的解釋，因為我們自己在炎炎的夏日也會脫去外套。但是這經不起仔細的推敲，首先，同在原野上生活、和我們身軀差不多大小的其他動物中，沒有任何脫去體毛的種類。如果事情這麼簡單，我們應該很容易會看到某些裸獅和裸胡狼之類的動物。只不過相反的，獅子和胡狼都長著短而密的毛。裸露的皮膚當然可以幫助散熱，只是同時也增加了吸熱的機會和被紫外線傷害的風險。每個做日光浴的人都知道皮膚被灼傷的嚴重性。有人在沙漠中做過實驗，結果證明：穿輕便的衣服可以減少水分的蒸發，因而減少體溫的散失；然而在同樣條件下，和裸露身體比起來，身體吸收的熱量也減少了 55%。在極度高溫時，像阿拉伯人偏好穿的那種質地厚的寬鬆罩袍，要比輕薄服裝有更好的防護效果。它在減少進入身體熱量的同時，也允許空氣在衣服和身體之間流通，如此有助於為降低體溫所流汗水的蒸發。

　　很明顯地，情況比乍看之下要複雜得多。體毛的脫落與
否，絕大部分和環境溫度、以及太陽直射下的溫度有關。就
算氣候剛好落在有點熱，但非酷熱，而且適合體毛脫落的範
圍內，我們仍然需要解釋，裸猿和其他生活在原野上肉食動
物，為何在皮毛上有如此顯著的差別存在。

　　針對我們裸體這整件事情，有一個可能是最佳解答的
解釋：狩獵人猿和肉食動物的競爭對手之間最主要的差別在
於，他的身體構造既不適於快速追逐獵物，也無法和獵物比
耐力；只是，速度和耐力又都是他必須具有的謀生之道。他
之所以成為狩獵高手，原因在於他擁有聰明的頭腦，讓他能
運用聰明的策略、發展更致命的武器。雖然有這些利器的幫
助，從簡單物理學上的觀點來看，追逐獵物仍然對他的身體
構造構成了很大的壓力。追逐獵物對他很重要，所以他得忍
受這些壓力，只是，在追逐的過程中，他一定會有體溫過高
的情形發生。因此會有很強的選汰壓力，迫使他朝著降低體
溫的趨勢去改善，就算是只有些許的改善也不無小補，有時
這意味著必須要在某方面作出犧牲、退讓，這些就是裸猿能
生存下來的關鍵因素。這也的確是從有毛髮的狩獵人猿轉變
為裸猿的主要因素，靠著幼體持續機制的推動，再加上前述
的體毛脫落產生間接利益的優點，這應該是個很有可能的過
程。藉由脫去全身密集的體毛和增加身體表面的汗腺，不僅
只是為了短暫的散熱目的，而是為了在關鍵時刻追逐時，在
身體表面產生一層蒸發的液體，鋪滿暴露在空氣中、緊繃的
肢體和體軀，以便降低體溫。

　　就這樣，我們直立行走、打獵維生、攜帶武器，有地域
性、幼體持續、具有智慧的裸猿——一種靈長類動物，並且

具有肉食動物特性的後代,準備要征服世界。 只是他還是非
常嫩、還處在實驗性階段;通常新產品都不盡完美,對他而
言,最主要的問題在於文化方面的進展會比身體上的改變要
快得多。他在遺傳學上的改變,總是遠遠落後在文化上的進
展,而且他會常常、不斷地意識到這個事實。雖然他在生活
環境中有所成就,骨子裡他還是一個不折不扣的裸猿。

現在,我們可以暫時把他的過去擱下,看看他現在的進
展如何。現代裸猿的舉止行為為何?他如何解決長久以來在
飲食、戰鬥、婚配和育幼方面的問題?在他大腦中的算計,
能如何重整他身為哺乳類動物的慾望。或許他不得不做出更
多妥協,但又不願意承認這個事實。且讓我們拭目以待。

第二章
性行為

現代的裸猿如何進行性行為？相較於其他靈長類動物，人類的性活動更激烈。為何裸猿的性行為方式有助於人類生存下來？為什麼裸猿的性行為會採取這種方式，而不是其他方式？究竟，在裸猿演化的過程中發生了什麼事？

現代的裸猿在性事方面有些令人困惑的情況。身為靈長類動物裡的一員,他被拉往一個方向;做為肉食動物,他又被拉往另一個方向;身為高度文明社群裡的一員,他又被拉往別的方向。

　　首先,他之所以擁有所有性功能的基本特性,都應該要感謝以摘果子為食、居住在森林裡的祖先。之後,這些特性經過大幅改良,為的是要適應在原野的狩獵生活方式。這個過程充滿困難,只是他們緊接著也還要去適應和配合一個日益繁瑣,文明導向的社會性結構的快速發展。

　　從以果實為食到打獵為生是第一個改變的特性,其間經過一段相對漫長的時間,也毫無意外地達成轉變。第二個轉變相對就沒有那麼幸運了。它來得太突然,因此被迫要依賴智慧的判斷和後天自制力的運用,而不是靠天擇所推動的生物學上的改變來達成。我們可以說,與其說是文明的進展影響了近代性行為,不如說是性行為塑造了文明。如果你認為這種說法太過以偏概全,容我在此先行提出,然後在本章最末再回到這個論點上來討論。

　　首先,我們必須先要精確的認知,現代的裸猿在性行為方面是如何作為?這可沒有想像中容易,因為不僅在不同社會裡,甚至在同一個社會裡都存在極大的差異性。唯一解決之道是從最具有代表性的社會裡,取出夠大樣品數的平

均值看結果。我們的取樣可以完全略過小型、落後和失敗的社會。他們或許有極具誘惑和稀奇古怪的社會風俗，只是從生物學上的觀點看來，他們並無法代表在演化學上的主要趨勢。事實上，很可能由於他們不正常的性行為，才讓他們變成失敗的社會族群。

我們手邊大部分詳實的資料，來自於近年來在北美從文化方面所做一連串煞費苦心的研究調查，從生物學的角度來看，這些是規模較大、而且成功的文化體系，足以做為現代裸猿的代表，而且不用擔心它的真實性。

人類的性行為經過三個典型的階段：配偶形成、前戲活動和性交動作——通常、但並非絕對是這樣的排列順序。配偶形成時期，也稱為求偶。和其他動物相比較，人類的求偶時間算很長，通常歷經好幾個星期甚至幾個月。和其他動物一樣，求偶期裡的特徵有由害怕畏縮、勇敢接近和性誘惑參雜在一起，所引起暫時性的矛盾行為。如果彼此間的性信號夠強烈，緊張和猶豫的情緒就會逐漸緩和。這些信號包括複雜的臉部表情、身體的姿勢和聲音的表達。聲音的表達不僅包括高度特化和代表完美訊息的說話方式，同時也是向異性成員表達一個特殊的音調。在談情說愛中的情侶，通常也被稱為是低聲的情話綿綿。這個意思很明顯地為音調的重要性勝過言語本身下了一個很好的註解。

在經過初步的視覺和聲音的表達之後，雙方開始有了簡單的肢體接觸。這些接觸通常都包括肢體動作，尤其是當雙方碰面的時候，動作就會增多。先是手牽手、手勾手的接觸，然後是親吻臉頰和接吻的舉動。不論是在靜止時或是在

行進中，也都會出現互相擁抱的情境。情侶彼此間突然的奔跑、追逐、跳躍或手舞足蹈也很常見，甚至童年時嬉戲的形式也會再現。

很多這種情侶形成的階段，是在公眾場合發生；之後進入了前戲活動就需要個人隱私的空間；緊接著性行為的發生會儘可能遠離人群。在前戲活動階段，很明顯，躺平的姿勢有增加的趨勢，身體和身體接觸的力道和時間也增長；小面積的側對側姿勢，漸漸地被較大面積面對面的接觸所取代。這些姿勢的維持可能從短短的幾分鐘到幾個小時之久，這時候聲音和視覺上的信號不再那麼重要，取而代之的是較為頻繁的觸覺信號——包括一些小的移動和來自身體各部位——尤其是手指、手、嘴唇和舌頭的不同壓力。衣服會部分卸去或全部脫掉，肌膚的觸覺刺激面積會儘可能地擴展到全身。

這個階段發生接吻的頻率很高，時間也很長；親嘴的力道從極為溫柔到近乎暴力。在較高強度的反應下，嘴唇會分開，舌頭會進入伴侶的口中激烈的攪動，為的是刺激口腔中敏感的部位。嘴唇和舌頭也會在伴侶身體的其他部分吸舔——特別是在耳垂、頸部和外陰部。男性尤其對女性的乳房和奶頭特別感興趣，嘴唇和舌頭會更加賣力地舔吮這兩個部位；一旦有了如此親密的接觸，也會不斷地舔吮伴侶的外陰部。當女性的陰蒂成為男性刺激的目標時，他的陰莖也成為女性口交的標的。當然兩性的身體都還有其他部位可以接受刺激。

除了接吻、舔吮和親吻之外，嘴巴也可以對身體不同部位施以不同強度的咬。一般說來，這個動作就只是對皮膚的

輕咬，但偶爾也會有用力過度，甚至造成傷害的狠咬。

　　以嘴巴刺激伴侶身體不同部位時，通常都伴隨著大量的皮膚磨蹭；以手和手指去開發身體皮膚的各個部位，臉部是一個重點部位，臀部和外陰部則是高強度的部位。男性的手和嘴巴的接觸一樣，特別偏好撫摸女性的乳房和奶頭。隨著手的到處游移，不斷地拍打和愛撫，通常抓的力道都很大，以至於有時指甲還會箝到肉裡。女性有時也會抓住男性的陰莖，或有節奏的上下套弄，模擬性交時的動作。男性以同樣方式有節奏地刺激女性的外陰部，尤其是陰蒂的部分。

　　前戲活動除了以上所說的用嘴巴、手和身體的接觸方式之外，還有一個高強度的傾向，就是用下體規律地去摩擦愛侶的身體。身體扭曲，手腳也會交互糾纏在一起，偶爾肌肉會有強烈的收縮，使身體進入時而緊貼，時而放鬆的狀態。

　　這些都是在前戲活動裡，給予伴侶的性刺激。在生理上產生足夠的性刺激，以利發生性行為。性交始於男性的陰莖插入女性的陰道，這是面對面最常見的男上女下、躺平的性交姿勢。我們在後面會再討論這種最典型、最簡單的姿勢。男性會開始一連串有規律的、朝骨盆方向的進出動作，力道和速度可強可弱、可快可慢。在不受限制的情況下，一般多力道快速、插入深入。在性交過程中，親吻和愛撫的頻率會減少，至少在細膩度和複雜度方面會降低。儘管如此，在整個性交過程中，仍有一些額外的相互刺激持續進行。

　　一般而言，性交過程比性交前的活動要短得多。除非故意採取延遲策略，在大多數情況下，男性在幾分鐘之內就能到達高潮、射精。其他雌性的靈長類動物性交過程中並不會有高潮，只有裸猿有這種特殊現象。如果男性延長他的交配

時間，女性最後還是會有一種爆發性的高潮歷程，除了不會
有射精現象之外，生理上所經歷的那種激烈、壓力舒緩的感
覺，和男性高潮時完全一樣。某些女性能很快達到高潮，有
些則完全不會達到高潮。一般而言，在性交開始的十到二十
分鐘之內可以達到高潮。

　　有一件事情很令人不解，男性和女性在達到性高潮和壓
力釋放的時間點上，似乎存在著矛盾；這在我們之後考慮到
不同性交模式在功能上有何意義時，會多花一些時間來詳細
討論。在此總而言之，男性可以在不受時間限制下，經由延
長或是加強性交前的刺激，引導女性達到高潮。如此，在陰
莖插入之前，她就已經被強烈挑起性慾；或者男性也可以在
性交過程中，藉著延遲射精，避免過早高潮；或者在射精後
陰莖還沒軟掉以前繼續性交；或是射完精後先短暫休息，然
後再次性交。後者狀況是由於他的性慾降低，使得到達第二
次高潮的時間比較長，這也會讓女性有足夠時間達到高潮。
在雙方都達到高潮以後，會有一段精疲力盡、放鬆、休息，
還有更常見的睡眠時期。

　　在談過性刺激之後，接著談性反應。

　　我們的身體是如何對這些強烈的刺激做出反應？兩性都
有很明顯的脈搏加快、血壓升高和呼吸變得更急促的現象。
從性交前活動就開始有這些改變，一直持續到性高潮時達
到最顛峰。在平常情況下，脈搏每分鐘跳動的速率是 70~80
次。在性慾被挑起的初期會上升到 90~100 次，在性慾上升
中期會增加到 130 次，在高潮時會達到 150 次。血壓會從剛
開始的 120 上升到 200 毫米汞柱，在高潮時會超過 250 毫米

汞柱。性慾上升時，呼吸也會變得加深、加快；一直持續到高潮時，然後會有一段時間的喘息期和發出規律的呻吟和呼嚕聲。在高潮時會有臉部扭曲，嘴巴張很大，鼻孔張開，狀況有點像運動員在激烈運動時或是急需空氣的人。

在性慾被挑逗起來過程中，另一個最大的改變是，血液的分布會從身體的深部轉移到表層，造成一些很令人驚訝的結果；它不僅讓皮膚的體感溫度觸摸起來比較高──火燙的性愛激情，也讓身體的某些部分產生某種程度的特殊改變。在高度興奮的情況下，出現了典型的性潮紅；通常在女性的身上比較常見，最先出現在胃和上腹部皮下血管區，然後擴張到乳房的上方、胸部的上方、乳房兩側和中間的位置，最後到被乳房覆蓋的下側部位。有時臉部和脖子也會出現潮紅。有很強烈的反應時，潮紅現象會發生在女性的下腹部、肩膀和手肘部位；高潮時在大腿、臀部和背部，甚至全身都會出現潮紅。有人形容潮紅看起來像麻疹發的皮疹一樣，明顯是一種性訊號。這種情況也會發生在男性身上，只是比較少見。首先出現在上腹部的皮膚表面，再擴散到胸部、脖子和臉部。偶爾也會散布到肩膀、前臂和大腿。一旦到達高潮，性潮紅會朝著發生順序的反方向迅速褪去。

除了性潮紅和普遍的血管擴張之外，還有幾種可擴張器官會出現明顯的血管充血；這種充血現象，是因為動脈把血液送進器官的速度，比靜脈把血液從器官帶出的速度較快。這種現象會維持很久，因為器官本身血管的充血可以防止靜脈把血液帶出。這些現象會發生在兩性的嘴唇、鼻子、耳垂、乳頭、外陰部和女性的胸部。嘴唇會發生變腫、更紅和更突出的變化。鼻子的柔軟處會腫大、鼻孔擴張。耳垂會

變厚、變腫。兩性的乳頭都會變大、變硬,只是在女性較為明顯(不只是因為血管充血,乳頭肌肉的擴張也是原因之一)。女性的乳頭最多可以增長一公分,乳頭半徑則可以增加半公分;乳暈區也會變大,顏色變深;但男性不會出現這些變化。女性達到高潮時,乳房會變大,平均會比平時增大25%,也會變得更堅硬、豐滿和突出。

兩性的外陰部在情慾高張時會發生相當大的改變,女性的陰道壁會大量充血,快速的潤滑陰道;有些例子顯示這在性交前幾秒鐘內就會發生。陰道壁內側三分之二的地方也會拉長伸展,在高度性興奮的兩個階段裡,陰道的總長度可以增加十公分。接近高潮時,陰道靠近開口三分之一處會有腫脹現象。高潮時,這個區域的肌肉會先收縮約 2~4 秒,之後是 0.8 ~1 秒長度的規律收縮;這樣的規律收縮在每次的高潮會重複 3~15 次。

興奮時女性的外性器會增厚,外陰唇張開、腫大,至多約為平時的 2~3 倍。內陰唇的直徑也會膨脹比平時大 2~3 倍,由保護性的大陰唇屏障中突出,使性交時陰道的長度增長一公分。在興奮的過程中,小陰唇還有另一個顯著的改變,由於血管的充血和突起,使小陰唇的顏色變成鮮紅色。陰蒂(相較於男性的陰莖)在開始興奮時也會變大、更突起。但是在非常興奮時,大陰唇的增厚遮住了它的改變,使得陰蒂縮回到大陰唇的內部。在興奮的後期,陰蒂無法直接接受來自男性陰莖的刺激,但是當它在增厚、敏感的時候,還是會受到男性陰莖抽動時,對它所做的規律壓力的間接影響。

男性的陰莖在性興奮時,也發生相當大的改變。從一個

鬆軟、沒有活力的狀況，藉由於血管的擴張，漲大成為直立堅挺。陰莖平常的平均長度是 9.5 公分，漲大後可增長 7~8 公分，直徑也會變粗。在現存靈長類動物裡，它的陰莖在堅挺時是最大的。在男性到達性高潮時，陰莖上有幾條肌肉會做強烈的收縮，把精液射入女性的陰道裡。前幾次的收縮是最強的，以每 0.8 秒的頻率進行——和女性在高潮時陰道收縮的頻率相同。興奮時，男性陰囊的皮膚會束緊，降低睪丸的移動力。藉由精索變短（在遇冷、驚嚇和生氣時也會變短），睪丸在陰囊中的位置會上升，在靠近身體的地方被緊緊地包住。血管充血的結果，讓睪丸的大小增加 50~100%。

　　這些是兩性在性愛過程當中，主要的身體改變狀況。在經歷了高潮之後，所有改變會循反方向復原。性交完的男女很快就回到正常休憩的生理狀態。

　　最後，還有一個值得一提的反應：性高潮之後，不論男女雙方在性交過程中花多少力氣，都會大量出汗。出汗多寡雖然和體力耗費沒有直接的關聯，卻和高潮的強度有關。汗水會在背部、大腿和胸部形成薄膜，也可能從腋下流出汗水。在激烈的情況下，從肩膀到大腿，整個軀體都會濕透。手掌和腳掌也會出汗。臉上會有性潮紅所引起的斑點，前額和上嘴唇也會冒汗。

　　以上是我們的性刺激和對性刺激所產生反應的簡短摘要，可以被視為討論性行為和我們的祖先以及一般生活方式相關性的一個基準。但是，首先要指出的是，上述的性刺激和性反應發生的頻率，並不一定相同。有些變化在男女性交時總會發生，有些則只發生在部分人身上。雖說如此，他們發生的頻率還算頗高，高到都可以被視為是「種的特性」。

在身體反應方面，75% 的女性和 25% 的男性身上會出現性潮紅。只有 60% 的男性的奶頭會變硬，但這在女性是很普遍的現象。男女雙方在高潮後有 33% 會大量出汗。除了這些個別的案例，大部分的身體反應是普遍特徵。當然，實際強度和時間長短要視當時所處的環境而定。

　　還有一點需要澄清的是，性生活在人一生之中的分布方式。在 10 歲之前，並不會發生真正的性生活。幼童期可以看到大量的所謂「性遊戲」。女性開始排卵、男性開始射精之後，才正式開啟真正的性功能模式。女性的月經最早從 10 歲開始，到了 14 歲，大約有 80% 的女性有經常性來經的現象，最遲到 19 歲，都會有月經。女性開始長陰毛、臀部變寬和乳房的發育，都比月經略早。一般身體的成長速率較慢，要到 22 歲才會發育完全。

　　男性通常在 11 歲以前，不會發生射精行為。所以他們的性成熟期要比女性來得較晚。（根據紀錄，最早有射精行為的男孩是 8 歲，但這是非常不尋常的）。在 12 歲時，25% 的男孩有射精的經驗；14 歲時，比例則達 80%。（因此，到了這個階段，跟女孩 80% 有月經的比例相當；換句話說，已經跟上女孩的發育進度。）男性第一次射精的平均年齡是 13 歲又 10 個月。和女孩一樣，也伴隨一些第二性徵；體毛開始成長，尤其是在陰部和臉部。體毛出現的順序是：陰部、腋下、上唇、臉頰、下巴，然後慢慢地長到胸部和身體其他部位。在青春期，不同於女孩的臀部加寬，男孩則是肩膀變寬，聲音也變得低沉──女孩也會發生變聲，只是變化程度不顯著。兩性的性器官都加速發育。

　　有趣的是，如果以高潮發生的頻率作為性反應的測量

指標，那麼，男性要比女性更快達到巔峰。雖然男孩要比女孩晚一年才達到性成熟，他們在少年時期就能達到高潮。女孩則通常要到 25 歲，甚至 30 歲才能享受到高潮。事實上，女性要到 29 歲以後，才能和 15 歲男性在高潮速率方面相比擬。女性在 15 歲時，只有 23% 能完全體驗到高潮，20 歲時會上升到 53%，30 歲時有 90%。

　　成年男性平均一週可有三次高潮，超過 7% 的人每天可射精一次或一次以上。男性高潮頻率在 15~30 歲時可達到最高峰，之後會一路穩定下降到年老；可多次射精的能力會降低，陰莖勃起的角度也會下降。陰莖因為充血而勃起，在 20 歲左右時平均可維持約一個小時，但到了 70 歲卻只能撐七分鐘。話雖如此，70 歲男性有 70% 仍有活躍的性生活。

　　隨著年齡的增長，會有性慾衰退的現象，這並不是男性的專利，女性也有類似情況。從整個族群的角度來作考量，女性在 50 歲左右突然停經，並不會很明顯地影響到性反應。然而，在性行為方面的評估，個體之間的變異很大。

　　我們所討論絕大部分性交活動的前提是，建立在配偶關係之上。比如被正式認可的婚姻架構，或是某種非正式的曖昧行為。非配偶關係之間性行為發生的頻率很高，但是這並不表示一定是濫交。大多數情況下，這些合意的性交包括典型的求偶和伴侶行為的形成——即使只是短暫而不是長久的結合。大約有 90% 的人會正式結婚，但是 54% 的女性和 84% 的男性在婚前都有性經驗。到 40 歲的婚姻關係也會被解除、放棄（例如：1956 年在美國就有 0.9% 的離婚率）。人類配偶關係的機制雖然很有效率，但是並非十全十美。

　　我們已經知道了前述所有事實，接著就可以再深究一些

問題。我們的性行為方式到底如何有助於我們生存下來？為什麼我們的性行為會採取這種方式，而不是其他方式？如果再問另一個問題：我們的性行為和其他現存靈長類動物的，有哪些異同之處？或許有助於解答這兩個問題。

我們可以很明顯看出，人類和其他靈長類動物相比，包括我們的近親相比，人類的性活動更激烈。對其他靈長類動物而言，牠們沒有冗長的求偶階段。幾乎所有的猿猴類都沒有發展出長期的配偶關係。性交前的活動形式很短暫，通常只有幾種簡單的臉部表情和鳴聲。交配時間也很短暫（以狒狒為例，從跨騎到雌性身上到射精，約只有七、八秒、不超過十五次的抽送），很明顯的，雌性狒狒並沒有達到高潮。和女性所經歷的高潮相較，即使發生了任何可稱做是高潮的事，也只能說是微不足道的一點性反應而已。

雌性猿猴類的發情期很受局限，一般說來，一個月只有一週左右，或比一週多一點。雖然這在較原始哺乳類動物裡是一種成功的提升，在實際的排卵期上還是受到更嚴格的限制。但是我們人類身上，靈長類動物發情期朝著不斷延長的趨勢，已經被推展到極致。幾乎女性隨時都可以接受性邀約。猿猴類一旦懷孕或是在哺育幼仔期間，就會完全終止性生活。人類在懷孕和授乳期間還是有性生活，只有在分娩前和生產後的短暫階段會停止。

顯而易見，裸猿是現存靈長類中最性感的。如果要追根究底，我們必須追溯它的起源。到底在他演化的過程中發生了什麼事？

首先：如果要生存，他就必須狩獵。第二：他必須有靈

光的腦袋，以彌補身體在狩獵方面的不足。第三：他的幼年時期要夠長，大腦才有足夠時間能發育得更大和學習更多。第四：當男性外出狩獵時，女性要待在家裡照顧小孩。第五：男性們在狩獵時，要能互相合作。第六：他們必須要能夠直立行走和使用武器，才能成功狩獵。

　　我並無意強調，這一定是發生的順序。相反地，我認為所有的步驟是共同逐步發展，每個步驟的改變也促成其他步驟的演進。我只是列舉在狩獵人猿演變的過程中，六個最基本、主要的改變。我相信有了這些改變，就具有了所有現代性行為複雜性的所有必備條件。

　　首先，男性必須要確保在他外出狩獵時，在家獨處的女性不會出軌；所以女性必須要有配偶的觀念。同時，如果體弱的男性參與狩獵行動，他們會被賦予更多性方面的權利。女性必須要付出更多，性組織要更民主、少暴虐。每一個男性也必須有強烈的配偶觀念。此外，男性現在已經擁有致命的武器，使得性方面競爭的危險性增高；這也是一位男性只須負責滿足一位女性需求的一個很好理由。最重要的是，父母需要付出更多心力去照顧成長緩慢的幼兒。因此，必須要有父母的角色和雙方分擔不同的職責；這也是要形成強有力的配偶關係的原因之一。

　　以這個情況為起點，就可以看出其他事情是如何從此展開。裸猿首先要有戀愛的感覺，為的是讓腦海有單一性伴侶的印痕存在，形成一個配偶關係。不管從哪一方面來考量，結果都一樣。那麼，男性是如何做到單一伴侶呢？是什麼因素讓他形成配偶關係？身為靈長類動物的一份子，他本來就有短暫配偶關係，從幾個小時到幾天不等；只是現在他

必須要去強化和延長這種關係。有一件可以強化這種關係的
趨勢，就是他自己將童年期延長。在這漫長的成長期，讓他
有機會和父母發展出深厚的親密關係；這種關係比小猴子所
經歷的要更強烈更持久。他長大獨立而失去緊密的親子關係
時，會出現「關係空窗期」——一個需要填補的鴻溝。因
此，他必須要發展另外一種新的、有相同力量的結合關係來
取代。

即使關係空窗期足以增強他形成新配偶關係的需求，他
仍然需要額外的助力來維持配偶關係。這個額外的助力必須
能持久到撫養一個家庭成員長大。既然墜入情網，就希望長
相廝守。經過費時、令人興奮的求偶期，他知道他真的戀愛
了，但戀愛不足夠支撐親密關係，必須在開始戀愛之後，還
要再加把勁去維持激情。要達到這個目的最簡單、直截了當
的方法是，讓配偶間的共同活動變得更複雜、更值得參與。
換句話說，就是要讓性生活更加刺激。

要如何達成這個進化特徵呢？

答案是絞盡腦汁，用盡一切辦法。

我們回頭看看現代裸猿的行為，就可以看到這個行為的
模式已經日漸成型。單獨從出生率的提高來推斷女性發情期
的延長，是缺乏說服力的。沒錯！當還在哺育幼兒的親代照
顧階段就可以有性行為，的確會讓女性的生育率提高。如果
在歷時甚久的育兒階段，女性無法有性生活，那的確會是個
大災難。但這也無法解釋為什麼她在每一個月經週期中，性
慾隨時都可以被挑起，而不受限於某一個時期。雖然她只在
特殊的時間點才會排卵，在排卵期性交才會懷孕，在其他時
間性交，並沒有生育的作用。由此看來，我們絕大部分的性

行為，顯然並不是為了要生小孩，而是性伴侶雙方為了強化配偶關係所做的互相回饋。一對伴侶持續不斷獲得性滿足，並不是現代文明下複雜的、頹廢的產物，而是有生物學依據，屬於人類根深柢固且在演化學上合理的走向。

即使在沒有月經的期間，就是她在懷孕期，還是會對男性的需求做出反應。這一點是很重要的，因為在一夫一妻的制度裡，讓老公長時期在性事上不能滿足是一件很危險的事，可能會傷害到夫妻關係。

除了性愛時間增長之外，性愛過程也是精心策劃。狩獵的生活讓我們褪去毛髮，裸露的皮膚和變得敏感的雙手，讓我們在性刺激時，身體的接觸面積變大。這些在性交前戲活動都扮演著關鍵的角色，撫摸、摩娑、輕按和愛撫的行為大量發生，次數遠遠超過其他靈長類動物。此外，像嘴唇、耳垂、奶頭、胸部和外陰部等特殊器官都富含神經末梢，對情慾上的觸覺刺激特別敏感。尤其是耳垂，完全就是典型的代表。解剖學家通常把它們稱作是無意義的附屬品，或是「無用的脂肪贅肉」。

一般來說，耳垂是我們大耳朵祖先演化的遺跡。但是觀察其他靈長類動物的耳朵，會發現牠們都沒有多肉的耳垂。所以看起來，耳垂絕對不是祖先留下來的遺跡，而是新近出現的特徵。當我們發現耳垂在性興奮的情況下，會大量充血、變大且高度敏感；毫無疑問地，我們可以認定耳垂在演化上百分之百是朝著性感帶方向演變的產物。（很意外地，在這種情況下其貌不揚的耳垂有點被忽略的感覺，但值得一提的是，曾經有紀錄顯示，在某些情況下，有些人的確可以

透過刺激耳垂而達到高潮。）

　　有趣的是，人類隆起、多肉的鼻子是另一個獨特而神秘，讓解剖學家們難以理解的特徵。有人說鼻子只是人體諸多變化中一個的特徵，不具功能性。很難想像，一個長在靈長類動物身上、如此正面而顯著東西，會沒有演化出任何功能。所以當我們知道鼻子側壁有一個海綿狀勃起的組織，在性刺激時會因為充血而使鼻腔擴大、鼻孔擴張；不禁讓人對鼻子除了呼吸的功能之外，並沒有演化出其他功能的說法感到懷疑。

　　視覺上和改良的觸覺本事一樣，也有一些獨特的進展。臉上複雜的表情佔有重要的地位，雖然它們的演化也是為了改進其他方面的溝通。在所有靈長類動物中，人類臉部的肌肉是最發達、最複雜的。事實上，在所有現存動物裡，我們的臉部表達系統最細緻、最複雜；藉由嘴巴、鼻子、眼睛、眉毛和前額附近肌肉的細微動作，再以不同方式結合彼此的動作，我們可以傳達所有複雜的情緒變化。在性接觸時，尤其是在早期求偶的階段，這些臉部表情的傳達極為重要。（它們確切的形式，會在另一章節討論）。在性興奮時，瞳孔會擴大，雖然這是微不足道的改變，通常不會引人注意，其實眼球泛光就是一種反應。

　　人類的嘴唇和耳垂、隆起的鼻子一樣，也是一個獨特的特徵；這是其他靈長類動物所沒有的。當然，所有靈長類動物都有嘴唇，只是不像我們的嘴唇可以外翻。黑猩猩誇張噘嘴時，可以把嘴唇翹起和外翻，露出平時藏在嘴裡的黏膜。在牠把表情回復到正常薄嘴唇的臉上之前，嘴唇只是短暫地維持這個姿勢。從另一個角度看，我們的嘴唇可以一直

外翻和回縮。因此相對於黑猩猩而言,我們看起來像是永遠嘟嘴。如果你有機會被一隻友善的黑猩猩擁抱,如果牠熱情地親吻你的脖子,絕對會讓你感受到用嘴唇來傳達的觸覺信號。對黑猩猩而言,與其說是性暗示,不如說是歡迎的信號。只是對人類而言,蘊含了性暗示和致意兩種意義。

在性活動前期階段裡,親吻變得頻繁且持久。關於這個發展的推測是,更便於把敏感有黏膜的表層一直暴露在外,嘴巴週圍的肌肉不會因為親吻時間變長而持續收縮。當然,功能不止這一項。顯露在外、有粘膜的嘴唇長出明確有特徵的形狀。嘴唇的外形並沒有模糊地溶入週圍的臉部皮膚之中,而是有一條明顯的界線區隔。如此一來,嘴唇也才能成為一個重要視覺信號的器官。我們已經看到性興奮時,嘴唇會變厚、變紅。這個區域的明顯界限,很明顯地可以增強這個信號,讓嘴唇細微的改變可以更為醒目。當然,即使不在性興奮時,嘴唇也比臉上其他部位的皮膚更紅潤。嘴唇本來就是這樣,而不是生理上有什麼改變所致。嘴唇就像廣告信號一樣,是個引人注目的觸覺性構造。

在解決了獨特黏膜唇的重要性難題之後,解剖學家下了一個「它們的演化尚未被充分了解」的註解,並且提出它很可能和吸的次數增加有關——這是嬰兒在吸奶時必要的動作。只是,年輕的黑猩猩也具有很有效率的吸吮,而且牠的嘴唇肌肉發達、吸力強,在吸吮方面比人類更有效率。而且,這不但無法解釋為何在嘴唇和周邊臉頰間會演化出一個銳利的邊緣,也無法解釋為什麼淺膚色和深膚色族群的唇有明顯的差異。不過,反過來說,如果嘴唇是視覺訊息器官,那麼這些差異就不難理解。如果因為氣候的關係,需要較深

的膚色，那麼嘴唇顏色對比的降低，會抵消視覺信號的能力。如果嘴唇真的是重要的視覺信號，那麼必定有某種補償性的發展，而的確也發生了。黑人的嘴唇變得更大、更突出。他們在顏色對比方面的損失，從大小和形狀方面得到了補償。黑人嘴唇輪廓有更明顯的界線；膚色較白人的唇縫，變成更明顯的突起、顏色也比皮膚其他部分更淡。從解剖學上的觀點看來，這些黑人的特徵並非從祖先而來，而是代表唇區特化的積極推進、演變。

　　還有不少其他顯而易見的視覺性訊號。如前所述，生殖系統的完全發育可以從長出明顯成簇的體毛得知，尤其是在外陰部和腋下，男性臉部的鬍鬚也會變長。女性乳房會快速成長，體型也會改變——男性肩膀加寬、女性骨盆變大。這些改變不僅是性成熟的界線，同時也是成年男人和成年女人的差別。這些改變不僅意味著生殖系統已經開始發揮正常功能，也說明了男人和女人的差別。女性的胸部變大被認為主要是因母性而非異性，但支持的證據很薄弱。其他靈長類動物提供豐富的母乳給幼兒，但是都沒有長出變大成半球狀的乳房。只有人類的女性在靈長類動物中一枝獨秀。所以演化出有特別形狀、向外突出的胸部，很明顯的是另一個性信號的例子。尤其在皮膚上沒有任何毛髮的遮蔽時，更是突出。女性變大的胸部如果被凌亂的粗毛所覆蓋，就會不夠明顯，很難作為傳達訊號的器官；只是一旦毛髮褪去，胸部就會顯得突出。除了突出的外型之外，還提供視覺注目焦點所在的乳頭。性興奮時，乳頭會變硬、更引起注目；乳暈顏色會變深，也有同樣的作用。

　　裸露的表皮也讓顏色的改變容易被看到。在其他動物少

部分裸露的區塊上也有這種情形，只是在人類身上程度比較明顯。在性行為早期的求偶階段，發生臉紅的頻率高，在更興奮的後期，還會出現性潮紅的斑塊。（這也是深色皮膚人種為了適應氣候，而必須要犧牲的信號形式。我們知道他們同樣有性潮紅，只是肉眼看不出這種顏色的變化，但仔細的檢查，還是可以看出皮膚組織有顯著的改變）。

在停止討論這一連串視覺上性訊號之前，我們必須要評估一下他們不尋常的演化過程。為了達到這個目的，必須觀察一下我們靈長類近親——猴子——在牠們身上發生一些奇怪的事情。從近代德國人的研究發現，某些種類已經開始模仿自己，最具代表性的例子是彩面狒狒和獅尾狒狒。雄性彩面狒狒鮮紅色的陽具兩側有青藍色的陰囊，這種顏色的搭配也同樣出現在臉上，牠的鼻子呈鮮紅色，腫大無毛的兩頰是青藍色；他們的臉像是在模擬外陰部的顏色分布，也把它當成是一種視覺信號。當雄性彩面狒狒靠近其他動物時，他外陰部外露的部分會被身體的姿勢所遮蔽，但很明顯地，牠還是可以利用臉來傳達重要的訊息。雌性獅尾狒狒也讓自己處在相似的自我複製情境之中，在牠外陰部周圍的皮膚有一塊鮮紅色斑紋，被白色小乳頭狀突起圍著；位於陰戶中間區域的唇是深紅色。這個視覺型式在牠的胸部也能見到，同樣是一塊白色小乳頭狀突起圈住的裸露紅色斑塊。在胸部中央的斑塊區裡，深紅色奶頭彼此非常靠近，不禁讓人聯想到陰戶的唇。（這些奶頭非常貼近，近到小狒狒可以同時吸兩個奶頭的奶）。和外陰部真正的斑塊一樣，胸部的斑塊會隨著每個月性週期的變化而發生顏色變化。

　　所以必然的結論是，彩面狒狒和獅尾狒狒為了某種理由，把牠們外陰部的信號複製到身體正面的位置。我們對彩面狒狒在野外的生活了解太少，因而無法推測在這個特別物種身上發生奇怪改變的原因，但是我們知道野生獅尾狒狒比其他相近種類的猴子，較常維持直立的坐姿。對牠們而言，如果這是一個更典型的姿勢，那麼我們依此可以斷言，在胸部擁有一個性訊號，要比在屁股後面能更快將訊息傳遞給同族群裡的其他成員。許多靈長類動物都有顏色鮮明的外陰部，只是很少見到這種位於身體正面的擬態。

　　我們人類在身體姿勢方面做了很大的改變，跟獅尾狒狒一樣，我們一天當中有很長的時間直立端坐。我們也是直立站著，在社交活動時彼此面對。那麼，有沒有可能我們也會有自我模仿相似的行為？直立姿勢是否影響我們的性訊號？當我們從這些角度來思考，答案很明顯，是的。人類除外的靈長類動物，典型的交配姿勢是雄性由後方接近雌性，雌性朝著雄性所在方位把身體後部舉起，牠的外陰部朝後方向雄性展示；雄性接收到信號之後，朝雌性移動，從後面騎上去。在交配過程中，不會有面對面的接觸，雄性的下體朝雌性的臀部推進。相較於人類是完全不同，我們不但會有長時間面對面的性交前活動，性交時主要也是面對面的遭遇。
　　有關面對面性交方式的論點仍有爭議存在，人類面對面的性交姿勢，長久以來都被認為是最自然的姿勢，所有其他的姿勢都是由此衍生的複雜花招。近代權威對此頗有質疑，並且宣稱就我們所知，性交根本沒有所謂的基本姿勢存在。他們覺得任何的肉體關係應該就是對性方面有利，而且身為

有創造能力的物種，應該很自然地去體驗任何我們喜歡的姿勢，而且愈多愈好。事實上，因為這些體驗會增加性行為的複雜度和增加性的新鮮度，避免長期配偶間對性事感到無趣。這個論點和他們所想要表達的不相衝突，只是如果想要藉此建立起理論，就太離譜了。他們真正想說的是，撇開基本姿勢，其他的姿勢變化都是邪惡的。為了削弱這種想法，他們貶低其他姿勢的價值，以前面提到的理由，覺得他們的行為是正確的。性伴侶在任何性報酬方面的改進，很明顯地在強化配偶關係是很重要的，這也能讓我們生存的更好。

學術權威在這場爭辯中，關注的是一個被忽略的事實——在任何一種物種裡，絕對沒有哪一種交配姿勢是最基本的、最自然的。在人類來說，指的就是面對面的姿勢。實質上，所有的性信號、性感帶都存在身體的正面——臉部表情、嘴唇、鬍子、奶頭、興奮的信號、女性的胸部、陰毛、外性器本身、臉紅的區域和性潮紅區。有人或許會說，許多以上所提到的信號，在早期可能是面對面的階段就可以顯示得很完美。然後，當真正要進入交配的時期，由於雙方情慾都已經被正面的刺激完全挑起，男性可以轉換到背後的位置，改由後方進行性交動作，或是以他任何喜歡的不尋常姿勢進行。事實上，這種新的嘗試也的確發生，但是有某些缺點；首先，像我們一樣會形成配偶關係者來說，性伴侶的身分很重要。所以正面的接近，意味著從性伴侶即將來到的性訊號和報酬，和身分信號是緊密結合。面對面的性是「個人化的性」。

此外，在從事面對面的性行為時，對集中在前方性感帶的觸摸，可以從性交前一直延伸、持續到性交時；這些觸摸

是採取其他姿勢所無法達到的。而且，正面的接近讓男性在抽送時，能對雌性陰蒂做最大的刺激。的確，不論雄性在交配時採取什麼姿勢，雄性抽送的拉動作用只是被動的刺激。但是在面對面交配時，男性的下體更能對陰蒂部位做直接、有規律的壓迫，大大地提高刺激。最後，對雌性陰道的解剖發現，和其他靈長類動物相較之下，人類的向前回環成一個明顯的角度。它比我們想像的更向前移，這個過程只是因為我們變成直立行走後的被動結果。無庸置疑地，如果這種前移對人類女性把下體呈現給來自後方的男性具有重要性，天擇會協助推動這個趨勢，那麼現今人類女性應該會有一個朝向後方的陰道。

所以，認為人類面對面是主要的性交姿勢，是合乎常理的推斷。當然，有許多其他的變化姿勢並不排除正面的接觸，例如：男性上位、女性上位、側位、蹲位、站位等等。最有效率、最常用的姿勢是，兩人躺平，男在上女在下。根據美國學者的估計，有 70% 美國人只採取這個姿勢。有些人即使會變換姿勢，這也是他們最常用的姿勢。用背後式的人不到 10%。在大規模的跨國文化調查，遍佈全球，包括大約兩百個不同社會，得到的結論是，在所調查的社群裡，男性從後面進入女性體內的性交方式並不是常用的姿勢。

如果現在可以接受這個事實，讓我們從這個有點偏離的話題回到原來有關性方面自我模擬的問題上。如果女性想要把男性對她的興趣轉移到正面，那麼在演化上就必須要讓她的正面變得更引人注目。在我們祖先的某段時期，他們一定嘗試過背後的交配姿勢。假設女性曾經把她們那一對多肉、半球狀的臀部（這不是偶發事件，也不曾發生在其他靈長類

動物身上）和一對鮮紅色的陰唇當作是性信號，向來自後方的雄性展示。假設男性也演化出對這些特別信號有強烈的性反應。在這個時候，假設人們正在朝直立演化，開始以正面面對他的社會接觸對象。在這種情況下，正如人們所能預料的，會發現有某種和獅尾狒狒一樣，相同形式的正面自我模擬情況出現。如果我們注視著女性的正面區域，我們能不能看到任何構造是古代半球形臀部和紅色陰唇性展示的翻版？答案就和女人的胸部一樣清楚而明顯。女性突出、半球形的胸部毫無疑問是從臀部翻版而來。而位於嘴巴四周、有清楚界限的紅色的唇，一定是模仿自紅色的陰唇。（你可以回想一下，在熱情的性喚起期間，嘴唇和陰唇都會變大和顏色加深，所以它們不僅外表看起來很像，在性興奮時也以同樣的方式改變）。如果男人的下體從後面動作時，就已經打算對這些訊號做出性感的反應。如果女人身體正面的訊號也能在後面產生，那麼他早就應該要有能對這些訊號反應的裝置存在。而女性分別把一對複製的臀部和陰唇長在胸部和嘴巴，看起來這似乎正是事情發生的經過。（這突然讓我想到唇膏和胸罩的使用，讓我們把這些主題，留在後面章節——現代文明的特殊性技巧時，再來討論。）

　　除了這些十分重要的視覺訊號之外，味覺的刺激在性事方面也扮演著重要的角色。在演化過程中，我們的嗅覺退化許多，但仍然相當有效率。尤其是在性活動中，要比我們想像中發揮更多的作用。我們知道男女雙方的體味有差別，有人提出在形成伴侶戀愛過程中，會形成一種嗅覺印痕，屬於伴侶身體個人特殊味道的迷戀。

　　有一個有趣發現指出，青春期時，對味道的喜好會顯著轉變；原本之前是偏好甜味和水果香，但是在性成熟期時，這種傾向會消失，然後大轉變而喜歡上花香的味道、油味和麝香味。這種偏好在兩性都一樣，只是男性對麝香味的偏好反應要比女性來得更強烈。據說成人可以聞到低到八百萬分之一的麝香濃度，在許多哺乳類動物裡，由特殊腺體所分泌的麝香在香味訊號上扮演著支配的角色。

　　雖然我們人類身上沒有任何特殊、大型的香味腺體，卻有為數甚多的小型腺體──頂漿腺。這些和一般的汗腺很相像，只是它們的分泌物含有較高比例的固體。頂漿腺出現在身體各個部位，但在腋下和外陰部的分布密度特別高；長在這兩個地方特別濃密的毛髮，扮演著重要的香味散發的功能。曾經有人說，在性衝動時在這些部位香味會產生特別多，只是缺乏直接、有利的證據支持。不過，我們的確知道女性頂漿腺比男性多 75%，這讓我們想到一件很有意思的事，在比較原始的哺乳類動物性接觸裡，雄性好奇地查看雌性的次數，比雌性查看雄性的次數為多。

　　我們身上特化產生香味區域的位置，顯然是另一種在性接觸過程中對正面接觸的適應。分佈在我們生殖器上的頂漿腺，並沒有不尋常之處，這是和許多其他哺乳類動物都擁有的共同點，只是在腋下的濃度有更意想不到的功能。它顯然和我們一般在身體正面末端增加新的性刺激中心的傾向有關，這也是因應日益增加的面對面性接觸。在這個別的案例裡，讓伴侶的鼻子在性交前和性行為進行中，能盡量接近主要產生香味的區域。

　　到目前為止，我們已經思考了人類性行為的慾望改進

和延伸的各種可能性，在這些情況下，一對情侶的接觸變得愈來愈有意義，使得他們的配偶關係因此能維持得更穩。但是慾求的行為造成終結的舉動，所以也需要某種改進。讓我們思考一下舊的靈長類動物的系統，成年雄性除了在剛射完精時，無時無刻不處在性活躍狀態。對牠們而言，達到性高潮是有價值的，因為性緊張的釋放降低了性需求，讓牠們有足夠的時間補充精子。另一方面，女性只有在排卵期會有性慾；在這段時間裡，隨時都可以跟雄性交配。交配的次數愈多，成功受孕的機會就愈大。對女性而言，她們的性衝動不是單純的性滿足和性交高潮可以安撫的。當他們正在「性」頭上，必須要分秒必爭，不顧一切的讓事情持續下去。如果他們不斷的經歷高潮，就會錯過寶貴的交配時間。在性交結束後，雄性射完精就離開雌性身上，雌猴看起來若無其事，通常就默默離開，好像什麼事情都沒發生過。

　　對一夫一妻制的人類而言，情況就迥然不同。首先，由於只有一位雄性的參與，當雄性耗費精力後，雌性對性事的反應並無關緊要；所以雌性達到性高潮也沒什麼不好的。然而，有兩件事情有利於女性達到性高潮；其一是她帶進和伴侶的性合作中大量的行為補償動作。和其他有助於性事改進的作為一樣，性高潮可以強化配偶關係和維持家庭和諧。另外則是達到性高潮可以增加受孕的機會。這是只有在人類才有的特殊方式。我們可以透過靈長類的近親來了解：當雌猴和雄猴完成交配之後，牠可以到處遊蕩，不用擔心在陰道深處的精液的流失風險。牠以四足行走，基本上牠的陰道走向和地面是平行的。如果女人在性交之後也像雌猴一樣，毫不在意地起身離開，情況會大大改變。因為她是靠雙腳行走；

女性在正常行動時，陰道走向和地面是成垂直的角度。在簡單的重力影響下，精液會回流到陰道口，因而損失絕大部分的精子。所以在男人射精完、停止性交後，讓女人躺平是很重要的。女性性高潮後的激烈反應，讓她們感到滿足與疲累，就存在她們躺平休息的效果，因此彌足珍貴 *。

　　女人的性高潮在靈長類動物是獨一無二。從生理的角度來看，和男人性高潮的模式是一樣的；從演化學的角度來看，是一種偽男的反應。在兩性世界裡，有些潛在的性質是對方所擁有的。從和其他動物族群的比較研究得知：在必要時，演化可以召喚這些潛在的特質，讓它們在異性身上表現出來，讓它們看起來像是上錯身。在這種特定情況下，我們知道女性身上有一個對性刺激特別敏感的陰蒂。這是一個相對於男性陰莖的同源構造，不管是什麼起源，女性的高潮是師法男性形式而來的。

　　這或許也解釋了為什麼男人具有靈長類動物裡最大的陰莖，不僅在完全勃起時是最長的，相較於其他種類的陰莖也是最粗的（相較之下，黑猩猩的陰莖看起來像是一隻大釘）。陰莖的加粗，讓女人的外陰部在性行為的過程中，受到更多的摩擦。當陰莖向內衝刺時，陰蒂附近會被向下拉；當陰莖從陰道中抽離時，陰蒂區域會被向上移動，回到原來位置。此外，來自面對面性交男人下體有韻律地對陰蒂區域施加的壓力，就好像是在對陰蒂做重複的按摩，這個動作如果是發生在男人身上——就叫做自瀆。

---

*有一個關於女性性高潮有附加功能的說法是：性高潮會促進子宮頸的收縮，產生一個負壓吸力，把精子吸入子宮腔內，有助於受精作用的產生。

　　所以我們可以得到的結論是：從慾求和完成行為的角度來看，所有可以讓裸猿在性事方面更加完美的改良都已經齊備，以確保不見於其他哺乳類動物的配偶關係的順利形成。只是，要形成這些趨勢還有許多困難需要克服。如果讓我們看看裸猿的配偶關係，仍然是緊密地結合在一起，互相照顧彼此的小孩，這一切看起來都很美好。只是小孩是會長大，而且很快就會進入青春期，接下來會發生什麼事呢？如果裸猿還保有以前靈長類動物舊有的行為模式，成年雄性會驅逐年輕的同性，並且和年輕的雌性交配。如此一來，除了母親以外，這些雌性會成為家族中傳宗接代的生力軍。我們會很快再度回到主題。而且，如果年輕的雄性被驅趕到社會邊緣，淪落為卑微的地位——就像發生在許多靈長類動物裡的情形一樣，那麼全部由雄性組成的合作狩獵群體便會受到影響。

　　很顯然地，這樣的生殖體系還需要修正，也就是需要一種外婚制。配偶制度的存續，有賴於子女去找尋各自的伴侶。這對施行配偶制度的物種而言，並非不尋常的要求，尤其在較為原始的哺乳類動物裡就有不少的例子。只是大多數哺乳類動物的社交天性，讓這種外婚制不易施行。大多數有配偶制度的種類，在子女成長後就分家，各奔前程。裸猿受限於共同合作的社會性行為，而無法行使這種開枝散葉的行為。

　　這個問題因此成為兵臨城下的迫切問題，不過解決問題的方法基本上是一樣的；和所有有配偶關係的動物一樣，裸猿的雙親都有佔有慾。母親在性方面擁有父方的主權，反之亦然。一旦，子女在青春期開始出現性徵，兒子對父親、

女兒對母親便會成為在性方面競爭的對手，所以父母會有趕走子女的傾向出現。子女也會有建立自己家庭的領地需求。之所以會有這種強烈的需求，很明顯的一定是當初父母曾經有過這種建立生兒育女的家庭需求，才會成為子女學習的榜樣；然後不斷地被複製、傳承下去。在父母親的家庭裡，支配權和擁有權都在父母的手上，沒有適合子女的屬性。家和居住在裡面成員的身上，到處都充斥著父母的主權和其相關的信號；處於青春期的子女自然會排斥這些信息，想要離開去建立一個新的生育基地。這是年輕、有領地行為肉食性動物的典型行為，但不是年輕靈長類動物的模式；這是裸猿必須要有的另一種基本行為改變。

　　很遺憾地，這種外婚制的現象，通常被視為是為了要防止亂倫禁忌。言下之意，這種外婚制是近代發生、文化箝制下的限制現象。但是實際上在更早時期就已經產生了，否則裸猿的典型繁殖系統不可能從靈長類動物中分枝演化出來。

　　我們還有一個與此相關、而且是獨一無二的特徵——女性處女膜的保留。在較原始的哺乳類動物，處女膜出現在胚胎時期的泌尿系統裡，由於是裸猿幼體持續的一部分，因此它也被保留到成體。這意味著女性在第一次性交時會遭遇到困難。當造物者千方百計、費盡心力地讓女性儘可能地對性刺激有所反應時，乍看之下，這個存在是違反性交機制且不合理，真是令人不解；只是情況並不像乍看之下那樣自相矛盾。讓第一次的性交有困難，甚至會產生疼痛，處女膜就不會輕易破裂。很明顯地，青春期可預見會有同時腳踏多條船的性愛實驗期，用來找尋適合的伴侶。這個時期裡的年輕男性，實在沒有理由在性交途中半途而廢。沒有愛侶關係的形

成，表示他們還沒有任何的認定和承諾，可以和別人繼續交往，直到找到合適的伴侶為止。但是如果青春期裡的女性在還沒有形成伴侶關係之前，就已經有了性行為，最後可能會懷孕，然後還得面臨獨自一人養育小孩的困境。在女性身上放一個能起一定功能的剎車裝置，處女膜的功能在於提醒女性要在投入很深的感情之後，才能走到最後一步。感情的投入要夠深，才能從容度過首度性交的不適。

　　在此，我有必要說明一夫一妻和一夫多妻制的問題。一般來說，人類配偶關係的發展，雖然不是絕對，但大多數是傾向於一夫一妻制。如果激烈的狩獵生活導致男性的數量比女性少，某些倖存的男性會出現和一個以上的女性形成配偶的傾向。如此一來，不但可以增加生育率，也可避免因為女性過剩，無法找到適當配偶，所產生的緊張局面。如果配偶關係的形成完全傾向一夫一妻制，而屏棄一夫多妻制，在繁殖後代就會失去效率。只是，要形成一夫多妻制並不容易，一來因為女性對男性的佔有慾；二來，女性之間會挑起嚴重的同性對抗。再則，要維持一大家子的經濟壓力也是重要原因之一。小規模的一夫多妻制或許可行，但仍受到嚴格的限制。有趣的是，至今在某些少數民族中，還流傳著一夫多妻制。但所有主流社會（佔世界主要人口的絕大多數族群）仍然實行一夫一妻制。縱使在允許一夫多妻的制度裡，通常也只有一小部分的男性會真的實施。一夫多妻制在所有大型社會中幾乎不存在的事實，是否就是導致他們現今擁有成功地位的主要因素，這是一個有趣的問題。總之，我們可以下一個結論：不論那些沒沒無聞、落後部落實行的是什麼配偶制

度,大部分人類在配偶關係特徵上,以其最極端(也就是長期單一配偶)的方式存在。

這就是裸猿所有有關情色的複雜關係:一個有著高度性趣、會形成配偶關係、還帶有許多獨一無二特徵的物種;有著靈長類動物祖先原始特性和肉食動物經過深度改良的複雜組合體。現在,我們要再加入第三項,也是最後一項的要素──現代文明。

隨著從單純的森林居民轉換為共同合作的獵人,腦容量也增大了,這讓他們開始忙碌於技術的改良。原本簡陋的部落轉變為大型的城鄉;時空也從石斧時代發展到為太空時代。只是,到底這些光鮮亮麗的轉換對我們的生殖系統有什麼樣的衝擊?答案似乎是很小。因為文明來得太快、太突然,讓基本的生物演化來不及跟上腳步。表面上看似乎發生了變化,這也是事實,實際上只是虛幻的假象。在現代都市生活的表象之下,人還是一個裸露的人猿。只有名目上的改變:狩獵現在叫做工作,打獵場所變成辦公室,固定的居所稱為家,配偶關係是婚姻,性伴侶現在是太太等等。前面章節所提到的美國學者對當代性行為模式的研究指出,現代人接收了來自裸猿生理上和構造上的設計,至今仍可大顯身手。從史前遺骸的證據,和比較動物學對現存肉食動物與靈長類動物的研究,給了我們一個大致的情節,讓我們了解裸猿在很久以前是如何利用這個性裝備,以及他是如何安排性生活。從對現代人研究的證據上,如果我們能夠拋開公共道德這層黑漆,也幾乎可得到同樣的結果。誠如我在本章開頭所提,是動物的生物本能成就了文明的社會結構,而非文明

的社會性結構塑造了人類。

　　然而，雖然人類的基本生殖系統是以非常原始的形式被保留下來（社區範圍的擴大並沒有讓性生活有社區化的趨勢），這是受到許多微小的控制和約束。而這些都是必要的，因為在演化過程中，解剖學上和生理學上精心設計的性信號，使性反應更加強烈。但這些解剖生理特徵是為關係密切的小型部落而設計，不是針對大城市所設計。在大都市裡，我們常常和好幾百個興奮（以及引起我們興奮）的陌生人相處。這是一個新的狀況，我們必須要處理一下。

　　事實上，文化的約束由來已久，甚至比陌生人的出現來得更早。即使是在簡單的部落裡，夫妻在公共場合蹓躂，必須收斂身體散發的性信息。如果要提高性慾才能維繫配偶的關係，當彼此分離，也有必要採取行動來平息慾望，以避免過度刺激到第三者。在其他有配偶關係和社群生活的物種裡，對性信號的壓抑主要是透過帶有攻擊性的手勢來表達，但在人類這樣會共同合作的動物，不會採取挑釁的方法；這就是腦袋變大有用的地方。很明顯，言語的溝通在這裡扮演著重要的角色。（比如說：我先生不會想要看到這樣的事情發生），就像是在許多社會接觸層面上一樣，但仍須採行更多立即的措施。

　　最明顯的例子就是鏤空、眾所周知的遮羞布。採取立姿的裸猿在朝同類接近時，很難不暴露性器。其他以四足行走的靈長類動物不會有這樣的問題；如果牠們想要向對方展示性器，就必須要採取特別的姿勢。不管在做什麼事情，我們無時無刻不在面對性器。由此可見，將暴露在外的下體遮蓋簡單的東西，是早期文化發展的現象。至於用布來禦寒，

絕對是從這裡衍生出的結果，尤其是當裸猿因擴大分布範圍
到較為寒冷地區時，這是較為晚期發生的事件。在不同文化
背景下，對抗性刺激衣物的發展也不相同，有時也延伸到其
他第二性徵上（遮住胸部和掩蓋唇部），有時則沒有發展。
在某些極端的情形下，女性的外陰部不僅完全被衣物遮住，
而且無法碰觸。最著名的例子就是「貞操帶」，用一條金屬
腰帶遮住外陰部和肛門，只在尿道和肛門的部位鑽洞，方便
排泄。還有一種類似的作法，是把年輕女性的外陰部縫合起
來，等到結婚時再拆開；也有用金屬夾或環把陰唇封閉起
來。近代有一個極端的例子，一位男性在他伴侶的陰唇上開
個洞，每次性交結束，就把她的陰唇封鎖起來。當然，像這
種過度謹慎的作法是罕見的。現今普遍採行用溫和的手段、
簡單的布料來達到遮蔽外生殖器的目的。

　　另一個重要的發展是性行為的私密化。外性器不僅變成
私密的部位，性行為也只能在隱密的處所進行。時至今日，
這是造成性行為和睡覺被人強烈聯想在一起的原因。和誰一
起睡覺已經變成和誰發生性行為的同義字。所以，原本性行
為在一天當中的任何時刻都可以發生，現在大部分的性行為
變成侷限在晚上這個特殊時段發生。

　　我們已經了解身體接觸在性行為是很重要的一部分，
所以在日常生活中要儘量避免不必要的肢體接觸，在我們忙
碌、擁擠的社群當中，必須要禁止和陌生人的身體接觸。任
何和陌生人間無意的擦撞，必須要立即道歉，道歉的程度和
被擦撞到部位牽涉到個人的隱私成分成正比。快速播放群眾
通過街道或是人們在大樓裡走動的影片，可以清楚看到非常

複雜、避免身體接觸的移動。

　　這種避免和陌生人之間的接觸限制，只在極度擁擠或特殊情況、和某些被大眾默認有碰觸執照的特定從業人員（例如：理髮師、裁縫師和醫師）時，才會被打破。和熟識朋友、親戚間的碰觸限制較少，他們的社會角色被定位在無關色情、較不具危險性。儘管如此，問候儀式也已經高度制度化。握手有固定的形式、親吻禮節也有固定儀式（互相以嘴親吻對方臉頰），和嘴對嘴性愛式的接吻有所區辨。

　　身體姿勢用不同的表達方式，可以去除性暗示成分。女人張開雙腿，含有強烈性暗示的姿勢，需要盡量避免。女性坐下時，應把雙腿併攏，或翹腳而坐。如果無法避免張大嘴巴，就要避免讓人聯想到性反應的姿勢——通常就是用手遮嘴。傻笑、曖昧的笑和扮鬼臉是求偶時期的表徵，所以當這些發生在社交場合時，人們都會將手舉起，掩口而笑。

　　在很多文化裡，男人常常把臉上的第二性徵除去，例如：剃掉嘴唇上方和下巴的鬍子，女人則是剃掉腋毛。腋下是體味的重要散發處所，但是如果穿著衣服時會露出腋毛，就得刮除它。陰毛通常被衣物遮掩得很好、鮮少暴露在外，所以不用刮除。有趣的是，藝術模特兒常需刮除陰毛，因為他們從事的是無關色情的裸露。此外，消除身上氣味的行為也很常見。身體清洗和泡澡之頻繁，遠遠超過了醫療和衛生目的上的需求。社交場合都需要降低身體的氣味，因此商品化的化學除臭劑一路銷售長紅。

　　大部分的控制機制都是以一種簡單、無可厚非的策略來維持。把需要受到限制的東西歸類在「不好」、「還沒人這麼做過」和「不禮貌」。這些機制背後真正對抗性的本意很

少被提及或想到。然而,還有更多公開的限制以人類本身的
道德準則和性行為律條的形式存在。這些準則和律條在不同
文化背景下有各自的標準存在,但是所關注的重點都是一樣
的——防止來自陌生人的性衝動和避免婚外性行為。即使最
能克制性慾的族群裡,也很難做到這些方面的控制,所以為
了推動這個過程,各式各樣的昇華技術都被使用上了。例
如:通常鼓勵男學童從事運動和其他激烈的體育活動,希望
藉著體力的消耗,降低性衝動。仔細檢驗這個概念和它的實
際應用得知,大致說來,是令人沮喪的失敗。運動員的性慾
和一般人大致相同,他們消耗了體力,得到了健康。看來唯
一有用的控制方法是由來已久的獎懲制度,懲罰沉溺於聲色
的行為,獎勵節制的性生活。當然,這些都只能壓抑,並不
能降低性慾。

　　很明顯地,我們不自然地擴大的社區,需要採取某些
行動防止因為強化的社會接觸所引起日益增多的危險婚外性
行為。只是,像裸猿這種演化出性行為高度發達的靈長類動
物,只能承受這麼多了。牠的生物本能不斷在造反。一旦人
為的控制方式開始實行,就會出現另一種對抗方式,導致荒
唐、互相矛盾的局面出現。

　　女人將胸部藏起來,然後再按照乳房的形狀來設計胸
罩,這個和性信號有關的設計,不是有內襯就是有充氣。所
以它不只可恢復被遮蓋住的乳房形狀,還可以讓乳房看起來
更大,還有模擬在性交過程中,乳房變大的情形。有時候,
乳房下垂的女人還會去動整容手術,把液體石蠟灌入皮下組
織,希望能夠永久維持變大的效果。

　　代表性徵的填充物,也被放入身體的其他部分,你只要

想想男性褲子前方的摺、墊肩和女性用來擴充臀部的裙撐。在現今的一些文化背景下，身材纖細的女人可以使用臀罩或胸墊來改變身形。穿高跟鞋走路會改變正常的走路姿勢，行進時會加大臀部的擺動。

女人的臀墊也出現在不同時期，配合緊身帶的使用，讓臀部和胸部的曲線看起來更誇大。因為這樣，腰細的女人一直受到大家的喜愛，緊身束腹在這個地區也廣受歡迎。這個喜愛細腰的趨勢在五十年前達到最高峰，在那個年代，有些女人為了增加效果，甚至採取激烈的手段，動手術拿掉最下方的一根肋骨。

唇膏、胭脂和香水的普遍使用，分別增強了嘴唇、臉頰和身體氣味的性感信息，造成更進一步的矛盾。女人非常努力洗去自己身上與生俱來的氣味，然後以市售的性感香水取代、噴灑在身上。事實上，這些香水其實是從其他毫不相干哺乳類動物身上香腺產物的稀釋液體罷了。

在讀過這些所有不同性約束和人為的誘惑之後，不禁令人納悶，回到起始點不就好了？為什麼要把房間變冷後，又在房內生火？誠如我在前面所解釋的，需要這些約束的理由很簡單：怕不經意產生的性刺激會危害到正常的配偶關係。那為什麼不明令禁止？為什麼不把不論是本性或人為的性展演限制在伴侶間的私下場合？部分的原因是，我們需要經常表達和發洩高張的性慾。本來這些性展演是用來維持伴侶關係，只是在現在這個複雜、充滿刺激氣氛的社會，在非伴侶關係狀況下，常擦出火花。當然，這只是部分的原因而已。性也被當作是維持地位的手段——這很常見於其他靈長類動

物。如果一隻雌猴只是動機單純地想要接近帶有攻擊性的雄猴，牠可能以性感的展演方式接近。這並不意味著牠想要交配，而是希望藉著這個舉動讓雄猴的性衝動能壓過牠的攻擊慾望。這種行為模式通常也被稱為是再激起的活動。雌猴以性刺激的方式再度激起雄猴的慾望，藉此獲得一個與性無關的好處。人類也有相類似的策略。許多人為性感的性信號就是這樣產生的，讓自己能夠吸引異性，可以有效降低同一社群裡其他成員對立的感覺。

當然，對於有配偶制度的物種來說，這個策略存在著風險。性刺激不能太過火，遵守自己文化裡對基本性行為的約束，在傳遞清楚「我現在不想要性交」這個信息的同時，也同時讓對方知道「不過，我還是很性感的」。後面的信息是可以降低對立的感覺，而前面的信息是可以避免讓事情變得無法收拾。如此一來，魚與熊掌都可兼得。

事情可以巧妙的配合，但偶而仍會受到其他因素的影響。有偶機制並不是十全十美的。它必須要被移植到早期的靈長類動物的系統上，而且會顯露出來。在有偶機制下，如果發生意外的狀況，潛在的靈長類動物的衝動會驟然爆發。再加上在裸猿演化過程中，幼期的好奇心一直持續到成年期，讓狀況變得更糟。

有偶機制很顯然是針對多產的女性，她的配偶和其他男性外出共同打獵而形成的。雖然基本上這個狀況被保留下來，但是有兩件事情改變了。有一個人為控制子女數目的傾向，這意味著有偶婦女不再花全部時間在養兒育女，當伴侶不在時，更有時間享受性生活。還有一個傾向是，有許多女性加入了狩獵的隊伍。當然，現在是工作取代狩獵，每天出

門工作的男人會發現，自己不再身處在全都是男性的環境，而是男女混合的對等；這代表男女雙方都要開始學習包容很多事情。往往在壓力下導致配偶關係的瓦解（你可以回想一下，在前面提到美國的統計數據，在 40 歲時 26% 的已婚婦女和 50% 的已婚男士都有外遇）。一般說來，原本的配偶關係都經得起婚外情大風大浪的考驗，或者是在外遇過後還是可以修補關係。只有極少的比例會導致分手。

　　我們如果把問題擱下，便會過度誇大配偶關係的狀況。然而，在大多數的例子裡，它或許可以滿足對性的好奇心，卻無法壓抑得住。雖然強大的性印痕可以維持配偶關係，但並無法讓男女打消對外尋求性行為的念頭。如果婚外情強烈危及婚姻制度，那麼就必須要尋求傷害性較小的替代方案。

　　偷窺淫癖曾經是一個解決辦法。從廣義的角度看這個字眼，引申到不同的尺度來解釋；從狹義的角度來看，偷窺淫癖是指從觀看別人性交而得到性興奮。以邏輯來說，也可以擴展到任何性活動中未曾參與的性趣。透過看、讀和聽的方式可以知道，幾乎所有的人都熱衷於參與這樣的活動；絕大多數的電視節目、廣播、電影院和小說創作，都在迎合偷窺淫癖者的需求。雜誌、報紙和市井之言也在推波助瀾，滿足偷窺淫癖者的需求變成了主流產業。偷窺淫癖者自始自終從來沒有實際參與任何的性行為，所有的滿足都是透過代理完成。所以重要的是，我們必須要發掘一群特殊的表演者，透過觀賞來滿足我們的需求，這些男女演員必須假裝完成整個性愛過程。他們求愛、結婚，然後進駐一個新的角色；隔幾天後又再求愛、結婚；以這種方法可以大大地滿足偷窺者對內容的要求。

在觀察許多不同種動物的行為之後，我們不得不承認人類這種偷窺淫癖的舉動是不正常的行為。但是相對無害，而且對我們有幫助。因為在某種程度上，它滿足了我們持續對性好奇心要求，同時又不牽涉和其他人的性關係，也因此不會威脅到既存的配偶關係。

賣淫也是以相同方式在進行。當然，這是有互相接觸的行為。但是在典型的情況下，它被無情地限制在性交的階段，大多直接略過性交前的求偶階段和前戲活動。求偶和前戲活動是配偶關係形成的早期階段，在此則是被完全的壓抑。如果一個男人放縱他的性慾，追求和妓女性交時的性愛花招，一定會傷害到他的婚姻關係。不過，如果牽涉到的是一段浪漫、不涉性行為的愛情事件，殺傷力就較小。

還有一種需要討論的性行為是同性戀的發展過程。發生性行為最主要的功能是為了要繁衍後代，很顯然的，這是同性戀者無法做到的。很重要的，我們在此做一個精細的辨析。同性戀者以假性交的形式，從生物學上的角度來看，沒有什麼異常之處。在許多不同情況下，有很多動物熱衷於假交配。只是，同性配偶的形成，從生殖上的觀點來看並不完美，因為他們不能生育後代，浪費成人潛在的生殖能力。了解為什麼會有同性戀的產生，可以幫助我們了解其他物種。

我在前面已經解釋過，雌性如何利用性信號去激起具攻擊性的雄性的性衝動。在激起雄性性興奮的同時，還要壓抑他的對立動機，避免受到攻擊。地位低下的雄性也會採用相似的策略。年輕的雄猴常常會偷學雌猴的性暗示姿勢，讓地位較高的雄猴騎上身，以避免遭到攻擊。地位較高的雌猴也

會以相同的方式騎上地位較低的雌猴身體。在靈長類動物社會裡，這種把性模式運用在非性的場合，已經變成一種共同的特點，在維持族群和諧與組織方面也有重要的貢獻。由於靈長類裡其他動物沒有經歷過深刻的配偶關係形成過程，所以假性交不會讓長期同性配對造成困擾，只是為了要解決迫在眉睫的優勢問題，並沒有長期性關係的結果。

同性間的性行為也發生在當合意性對象（異性中的一員）不可得時，這在許多動物族群裡常見：某些同性個體會被當成替代品——這也是性活動裡退而求其次的選擇。在完全隔離的動物裡，通常會被迫採取極端的手段，會和沒有生命的物體交配或是自瀆。舉例來說：曾經觀察到，某些圈養的肉食動物和牠們的食物容器交配的情形發生。除了猴子常常有自瀆的情形，獅子也有過紀錄。還有，不同動物在同籠的情況下也會交配。不過，當同種異性出現時，以上這些情況都會消失。

我們也有類似情況發生，而且頻率頗高，出現的反應也大致相同。如果雌雄兩性無法各自找到異性，他們會找尋其他的發洩管道——找同種相同性別個體、其他種類或是自瀆。根據美國學者針對性行為詳細的研究報告指出，美國人在 45 歲時，有 13% 的女人和 37% 的男人能透過同性戀達到高潮。和其他動物有性接觸較為稀少（這是可以理解的，因為經由異類能提供的性刺激比同類要少很多）。資料顯示，在美國，有 3.6% 的女人和 8% 的男人曾經有過人獸交。自瀆雖然沒有提供伴侶的刺激，但是因為不需要找尋伴侶，因此發生的頻率高出很多。據估計，有 58% 的女人和 92% 的男人有過自瀆的經驗。

　　如果以上這些對繁衍後代沒有貢獻的活動，不會降低個體長期潛在的生育，那這些行為是無害的。事實上，從生物學的觀點來看，是有利的，因為他們能降低性挫折感，而各式各樣的挫折感會造成社會的不和諧。然而，一旦產生了性迷戀，就會有問題發生。人類很容易墜入情網，會有想要跟性意圖對象發展出強烈結合的意志。在性印痕過程產生十分重要的長期配偶關係，有利於親代拉長育兒期的需求。印痕在認真的性接觸之始，就開始啟動、運作，結果是很明顯的。我們早期的性意圖對象，可能會成為固定對象。印痕是一個聯想的過程。在性補償時出現的某些主要的刺激和性補償緊密結合。如果沒有這些重要的刺激，緊接著就不會發生性行為的發生。如果社會壓力迫使我們在同性或自瀆的情況下，體驗早期性補償，那麼，在這些狀況下出現的某些元素很有可能會成為持久，強大的性意義（更不尋常的戀物癖也是經由這個方式產生）。

　　我們可以預期，這些事實可能帶來意料之外的麻煩，但是在大多數情況下，以下兩件事情讓我們避免了這些麻煩。第一，我們對於來自異性的典型性信號，早有一套本能的反應機制存在，所以我們不會對沒有產生這種信號的個體產生熱烈的求偶反應。再則，我們早期的性實驗只是一個暫定性質。起初，我們很容易墜入愛河，也很容易失戀；整個印痕落後於其他性發展。在這個尋找的階段裡，通常我們會有一些小的印痕，彼此間會互相抵消，一直到最後產生一個主要的印痕為止。通常到這個時候，我們已經經歷過足夠的性刺激，抓住了未來的另一半，配對後可以進行正常的異性戀。

　　如果把我們和其他動物的情況一起比較，會讓我們更

容易進入狀況。例如：成對、群居的鳥遷徙到繁殖的地面造巢。 第一次和成鳥一起飛行的年輕和未曾交配過的鳥，必須要和老鳥一樣，建立領地和找到配偶。這是到達目的地之後，迫在眉睫的事情。年輕的鳥憑著對性信號與生俱來的反應，找到適當的配偶。牠們會把進一步的性舉動侷限在特別的個體。這個過程是經由性印痕來達成。在形成配對之前的求偶過程中，本能的性線索（每一種類裡相同性別都有共通的），必須和某些特殊個體的辨識特徵相連結。只有透過這種方法，印痕過程才能把性反應明確縮小到每一隻鳥和牠的配偶。由於繁殖季節很短，所以這個過程必須要快速。如果在剛開始的階段，我們以人為的方式，從棲地移除其中一個性別，可能會產生很多同性戀鳥，因為剩下未配對的鳥會拚命想從最近的地方找到正確的配對。

這個過程，人類進行得很緩慢。我們不必跟短暫的生育季節賽跑，這讓我們有充分的時間到處試探、遊戲人間。即使青春期時的某段時間，被放到一個性別分離的環境裡，我們也不會自動自發，形成永久同性戀的配對。如果我們像群棲造巢的鳥一樣，就不會有男生從男性寄宿學校（或其他類似、單一性別的組織）出來後，還想要有異性的配對。但事實上，這個過程沒有太大的壞處。在大部分的情況下，印痕只是輕輕地畫過帆布，很容易被日後更深刻的印痕蓋過。

然而，在少數情況下，傷害會持續更久。強大的關聯性特徵和性的表達會緊密的連結在一起，並在稍後配對時就會派上作用。同性夥伴所發出的卑微基本性信號，將不足以威脅到正向印痕關聯性的重要性。為什麼要讓社會遭遇到這樣的危險？這是一個很合情合理的問題。答案似乎是因為要迎

合非常精細、複雜的文化需求,社會有必要盡可能地延長教育的階段。如果因為生理發育完成,少男、少女就去建立屬於自己的家庭,很多潛在的訓練就浪費掉了。因此,強大的壓力會加諸在他們身上,以避免其發生。可惜的是,不管文化限制的壓力有多大,都無法防止性系統的發展。而且如果它找不到正常管道,也會去找其他出路。

另一個不相干,但會影響同性戀傾向的重要因素是,從父母的情況來看,如果子女生長在過度男性化、強勢的母親陰影之下,或是柔弱、娘娘腔的父親,子女容易產生錯亂。行為特徵和解剖學上的特徵會大相逕庭。當他們性成熟時,兒子找尋跟媽媽在行為上而不是解剖學相似的人當配偶,他們會傾向於更容易接受男性而不是女性當配偶。女兒也有同樣的風險,只是和兒子的方向相反而已。這種情況下,性問題的麻煩是,嬰幼兒獨立的時間被拉長,造成很多世代重疊現象,然後這種紛擾會一而再、再而三的持續下去。前面所提到的娘娘腔的父親,以前可能受到他父母親間不正常性關係的影響。這樣的問題不是在消失以前對下一代會有久遠的影響,就是變得很敏感,會以避免共同繁殖的方式自行解決。

身為動物學家,我無法以通常的道德模式去討論性癖好。我只能以「像族群過得好不好」這種生物學的道德來討論。如果任何性模式會影響到生殖成功與否,那麼,它們就應該被認為是生物學上不成功的模式。從生殖的角度來看,這些不正常的人包括:和尚、尼姑,長期抱著獨身主義者和永久同性戀者。社會供養他們,他們卻無以回報。同樣地,從生殖學上的角度來看,同性戀者和僧侶是一樣的。在此還

必須說明，不管性行為對某種特殊文化來說，是如何地噁心和猥褻，都不能從生物學的角度來評斷，因為性行為本身並不會妨礙繁殖成功。如果最怪誕、精心策劃性行為表現，有助於伴侶的懷孕，或是讓伴侶的關係得以延長，那麼就算是繁殖成功，從生物學的角度而言，它就應該和最合宜、受到認可的性風俗一樣被大眾接受。

但我必須指出，有一個重要的例外，前述的生物道德，在人口過度擁擠的情況下並不適用。過度擁擠讓這個規矩顛倒過來了。從其他物種過度擁擠的實驗裡得知，在密度到達最高峰時，會造成社會結構的完全崩解；動物會生病，殺死幼獸，彼此惡鬥，還會出現自殘現象；無法出現正常的行為表現，每樣事物都支離破碎。最後，因為死傷慘重，讓族群回復到低密度，可以再度生育。這些事都發生在大災難之後。如果在人口密度過高剛發生的情況下，能引進防止生育的控制機制，就可以有效的防止混亂場面。在人口密度過高而且短期內看不出有減緩跡象情況下，防止生育的性行為模式，有必要從新的角度來正視這個問題。

人類正迅速走向人口過度擁擠，我們不能再掉以輕心。解決之道在於降低生育率，同時要避免干擾既存的社會結構。降低人口數量的同時，不會影響到人口的質量。引進避孕技術是必要的，但不能破壞基本家庭的單位。事實上，這個風險很低。有人擔心良好的避孕用品會導致濫交，但人類強大的配偶關係的形成會降低濫交發生的機率。只有在很多配偶採取避孕措施，不生小孩的情況下，才會釀成大問題。這些配偶會對他們的伴侶有過度的要求，這可能會傷害配偶的關係。這些人也會對想要成家育兒的伴侶構成很大的威

脅。這種採用極端的方式來降低人口是不必要的。如果每個家庭都生育二個小孩，基本上父母親只是在複製他們的數字，人口並不會增加。考慮到意外事件和早夭所造成的死亡，生育子女的平均數字可以稍微高一些，而不會造成人口的增加所釀成的災難。

　　問題是在性現象方面，機械性或是化學性的避孕方式，基本上都是新觀念。要經過很多代的實際運用，等到新的避孕觀念走出傳統的觀念之後，還需要一段很長的時間，才會知道避孕對社會的基本性結構到底會有什麼樣的反應。可能是對社會性結構造成間接的、意料之外的扭曲或破壞。只有時間能證明一切。只不過，不管結果如何，如果沒有生育控制，狀況只會變得更糟。

　　要記住一點，人口過度擁擠的問題，有人可能會說，目前迫切需要快速降低生育率是不包括生物學上被非議的不育族群，例如：和尚、尼姑，獨身主義和同性戀者。單純從「生不生」這個觀點來看，這的確是事實，但是他並沒有考慮到其他社會問題。在某些情況下，是他們身為少數角色必須要面對的社會問題。雖然如此，除了在生殖這個範圍之外，他們是適應良好、重要的社會成員。他們可以被視為對人口膨脹沒有火上加油的重要成員。

　　回顧一下人類整個性行為的事件，人類忠於他基本的生物衝動的程度，比我們當初想像的要好；他靈長類動物所具有的性系統，配上來自肉食動物的習性修改，讓他們通過奇妙的技術改良而生存良好。如果把二十個市郊家庭搬遷到原始的亞熱帶環境，讓男人必須要外出打獵，這個新部落的性結構將不需或只需些許的改變。

　　事實上，在每一個大型的鄉鎮或城市裡的居民，都有專門的狩獵（工作）技巧，只是在社會性行為系統裡，或多或少都還保留著原來的樣子。科幻小說裡，嬰兒農場、集體的性活動、選擇性絕育、國家在生育職責方面分工的掌控，許多方面的概念都尚未實現；太空人猿在飛向月球的途中，口袋有一張妻子和小孩的合照；只有在一般生育限制的領域裡，才開始面對現代文明力量加諸在我們古老性體統下的第一道主要攻勢；多虧醫學、外科手術和衛生保健各方面的進步，我們在生殖成功方面達到史無前例的高峰。

　　我們實現了對死亡的控制，現在我們也要學會控制生育，才能平衡人口。看起來好像在下一個世紀左右，我們終於要改變自己的性行為方式。真是如此，那並不是因為我們的性行為方式失敗了，而是他們實在是太成功了。

第三章

育兒

哺乳對人類女性是困難的、裸猿乳房的設計主要是性徵而不是哺乳用、80%的母親用左臂抱嬰兒,把嬰兒靠在自己的左胸、裸猿的小孩可以透過模仿而快速學習,其他動物卻不行……這些育兒過程都透露出裸猿進化的一些特殊意義。

和現存的其他物種比較起來，裸猿在親代照顧方面的付出最多。其他物種父母的責任比較集中在某個時期，但是裸猿對子女的照顧，卻無微不至。在我們考慮到這個趨勢的意義之前，必須要先整合一下基本的事實。

女人受孕之後，胚胎開始在子宮裡發育，她在生理上會經歷一些變化。月經會停止，早上會有噁心的感覺，血壓降低，輕微的貧血。漸漸地，乳房變得腫大、變軟，食慾增加。基本上，她的心情變得更加平靜。

在經歷大約 266 天的懷孕期之後，子宮開始強烈、有規律地收縮。包圍嬰兒周圍的羊膜破裂，羊水流出。更進一步的強烈收縮，把胎兒從子宮推出，經過產道，來到人世。子宮再度收縮，把胎盤排出體外。之後，連結胎兒和胎盤之間的臍帶被切斷。在其他靈長類動物裡，臍帶切斷這個動作是由母親咬斷，毫無疑問地，這也是我們老祖宗所採用的方法。時至今日，先是乾淨俐落的綁好，再用剪刀剪斷。嬰兒肚臍的殘留部分會自行乾掉，並且在出生後幾天內自行脫落。

現在，女人在生產時，身旁都有其他成人陪伴和幫助。這很可能是很早以前就開始流傳下來的傳統。對女人而言，直立行走沒有什麼好處可言。進化到這一步的代價是好幾個小時的痛苦懲罰。看起來，早在樹棲人猿演化成為狩獵人猿

時，雌性在生產時似乎就需要他人從旁協助。很幸運地，這種合作的天性並沒有隨著人猿從樹棲演化到狩獵而受到影響。在經歷麻煩的同時，也提供了解決之道。一般說來，黑猩猩媽媽不僅可以自行咬斷臍帶，在把羊水舔乾後，還會吃掉胎盤，把嬰兒清洗乾淨，並抱住嬰兒，保護牠不會受到傷害。人類的媽媽則因為已經精疲力盡，必須要依賴同伴來替她執行前述的這些動作。

　　母親在生產過後，需要經過一、兩天才會開始分泌乳汁，一旦開始哺乳，在未來的兩年內就會以同樣的方式按時餵奶。一般而言，平均的哺乳期不會超過兩年，現代人更是縮短到 6~9 個月。在這段哺乳期間，母親的月經通常會暫時停止，在小孩斷奶後才會回復。如果嬰兒斷奶過早，或是改以瓶餵，月經就會提早來報到，女人便可以很快有再度生育的能力。另一方面，如果她按照以前的傳統，哺育幼兒兩年整，那麼她只能每隔三年生育一次（有人以故意延長哺乳期作為避孕的方法）。以人類的生育期差不多是 30 年來做估算，每一位母親的自然生育能力大概是十胎。如果是用瓶餵或是很快斷奶，理論上這個生育數字可以上升到三十胎。

　　相較於其他動物，哺乳的動作，對女人而言是困難的。嬰兒很無助，在哺乳過程中，母親必須要採取更多的主動才行；她要把嬰兒抱在胸部，並引導他做吸吮的動作。某些媽媽無法讓孩子順利吸奶，因為奶頭不夠突出，小孩無法順利含住，只是讓嬰兒嘴唇銜著奶頭是不夠的，奶頭必須要塞入嬰兒口腔深部，使乳頭接觸到上顎和舌頭表面。只有這樣的刺激才能讓嬰兒上下顎、舌頭和臉頰做強烈的吸奶動作。要完成這一系列的動作，乳頭後方的組織必須要有柔韌性。嬰

兒能含住多長的乳頭，這個柔韌性扮演著重要的角色。嬰兒
日後是不是能夠成功地吸到母奶，出生後四、五天內是一個
關鍵期。如果在第一週就不斷地失敗，之後嬰兒就不會再對
吸奶有熱烈的反應。他會根深柢固地更加依賴另外一種報酬
較高、比較容易吸得到奶的瓶餵方式。

　　吸吮母奶時，某些嬰兒會遭遇到另一種困難，有時也稱
作「在乳房處戰鬥」。這通常會讓媽媽覺得嬰兒本來就不想
要吸奶，事實上他想要表達的是，他拚命想吸奶卻沒辦法，
因為他的口鼻都被堵住而無法呼吸。哺乳時把嬰兒的頭靠近
胸部，姿勢只要稍微歪斜，很容易就會堵住嬰兒的鼻子，加
上嘴巴完全含住乳頭，會造成他呼吸困難。因此，他的掙扎
其實是想要吸到空氣，而不是推開胸部不想吸奶。

　　當然，新手媽媽會遭遇到很多困難，我只是選擇了以
上兩個問題，因為它們證明了女人乳房主要是性信號的裝
置，而不是一個漲大的母乳製造機；造成以上兩個問題的主
要原因就是乳房的堅實構造和渾圓形狀。我們只要看看嬰兒
奶瓶上奶嘴的形狀，就能知道最容易讓嬰兒吸到奶是哪種形
狀的奶頭。奶嘴比奶頭要長得多，奶嘴的後半部沒有漲大成
半球形，不會造成嬰兒口鼻上的堵塞問題。奶嘴的設計更接
近母黑猩猩的乳房構造。母猩猩的胸部只有些許漲大，相較
於人類女性，即使在哺乳期時，牠也是平胸。再則，牠的奶
頭比我們長很多，更突出，小猩猩在吸奶之初，鮮少遭遇到
困難。因為女人有很沉重的哺乳負擔，乳房很明顯的是哺乳
器官。我們自然而然地認為乳房的突出、渾圓形狀一定也是
母親親代行為的一部分。但是，現在看起來這個想法是錯誤
的。從功能上看來，人類乳房的設計主要是性徵而不是哺乳

功能。

　　現在，讓我們轉換一下哺乳的話題，看看在其他時候，兩種母親對待嬰兒的方式。日常生活裡對嬰兒的愛撫、擁抱和清洗沒什麼特別好說的，但是母親懷抱嬰兒的位置和在休息時讓嬰兒依靠的位置很發人深省。美國學者研究發現，80% 的母親用左臂抱嬰兒，把嬰兒靠在自己的左胸。如果要問偏好用左手抱嬰兒有什麼特殊的意義？大部分人會說，很明顯的因為族群裡大部分人都是右撇子，把嬰兒抱在左臂，媽媽可以空出慣用的右手做更多事情。更深入一步的研究指出，事實並非如此。左撇子和右撇子的女人在抱嬰兒時，的確有一些差別，但是這些差別還不足用來做為合理的解釋。結果是 83% 的右撇子媽媽把嬰兒抱在左側，但也有 78% 的左撇子媽媽把嬰兒抱在左側，也就是說只有 22% 的左撇子媽媽會空出慣用的左手做事。很顯然地，一定還有其他不像表面看起來這麼單純的解釋存在。

　　只有一個來自事實的線索是，媽媽心臟所在的位置偏左。心跳的聲音是否才是最主要的因素？它又起什麼樣的作用？有人沿著這個方向思考認為，或許當嬰兒還在媽媽體內的時候，胚胎在成長時漸漸熟悉媽媽心跳的聲音（印記）。果真如此，嬰兒在出生後再度聽到這個熟悉的聲音，會有安撫作用，尤其是他才剛被推到一個陌生又挺嚇人的新世界。如果這是事實，媽媽在本能或是不經意情況下的嘗試，很快就在錯誤中發現，嬰兒在被她懷抱在左側，緊貼著她心臟所在的位置時，比抱在右側更顯平靜。

　　這種說法聽起來牽強，但實驗證明這絕對是一個有根據的解釋。播放每分鐘 72 次標準心跳速率的錄音給醫院嬰兒

室裡的新生兒們聽，每一組有 9 個嬰兒。結果，不播放錄音時，其中有一、二個嬰兒哭泣的時間超過 60%；一旦心跳砰砰跳的錄音出現，哭泣時間就會降到 38%。雖然新生兒們所吃的食物都一樣，有聽心跳錄音的嬰兒體重增加比沒有聽心跳錄音的嬰兒快。很顯然的，沒有聽心跳錄音的這一群嬰兒，因為啼哭的時間較長，而耗費較多的能量。

另外一個針對稍大嬰兒在入睡時間所做的實驗是：某些組嬰兒的房間沒有播放任何聲響，其他組則播放搖籃曲，一些組別播放模仿每分鐘 72 下心跳速率的節拍器，另一些組別播放心跳的錄音；然後，觀察哪些組別的嬰兒比較容易入眠。結果，聽心跳錄音組的嬰兒只花其他組別一半的時間就睡著了。這不但證明心跳聲音是讓嬰兒安靜的強烈來源，也說明嬰兒的反應也是非常有專一性的。模仿心跳速率的節拍器無法取代心跳的功能——最起碼對小嬰兒是無效的。

所以，可以非常確定這就是為什麼媽媽要把嬰兒抱在左側。有趣的是，聖母抱著耶穌的畫像（最早的畫像出現在十四世紀初期）在 466 幅中，有 373 幅（約佔 80%），聖母是將耶穌抱在左側；和右撇子媽媽將小孩抱在左側的比例互相呼應。這和女人把皮包掛在左、右手各半的現象，形成明顯的對比。

這種心跳印痕還可能產生什麼樣的結果？例如：它可能可以解釋我們為什麼堅持愛的感覺是在心裡，而不是在腦袋裡。誠如歌詞裡所說「你不能沒有心臟」。這或許也可以解釋，為什麼媽媽們都是搖著嬰兒，哄他們入睡；因為搖晃的速率和心跳的頻率是一樣的。這可能會再度喚起嬰兒們想

起，當他們還在媽媽子宮裡時那種熟悉、規律的震動——這是媽媽心臟所產生的撲通撲通跳動。

事情並沒有到此為止，這個現象會一直持續到成人期。我們痛苦時會搖晃身體；矛盾的時候，會站著前後搖擺。下一次你去聽他人上課或是參加晚宴後的演說時，當演說者規律地搖晃他身體時，留意他搖晃的速度是否符合心跳的速率。他在面對聽眾時的不自在感覺，會讓他在這個讓自己受到侷限的環境中，做出讓自己身體感到最自在的動作。所以，他把自己在子宮裡所經歷的熟悉心跳韻律，在這裡派上用場。

當有不安的感覺產生，人們都有從某種偽裝去找尋撫慰性心跳韻律的傾向。大部分的民歌或土風舞都採用切分音節奏，這並不是偶然；因為聲音和節奏都能把表演者帶回子宮中的安全世界。十幾歲少年的音樂被稱為是搖滾樂，也不是偶然。最近，還採用了一個更具啟發性的名稱——叫做節拍樂。這名稱更說明了問題，那麼節拍樂到底都在唱些什麼呢？是「我心已破碎」、「你移情別戀」或是「我心屬於你」。

和這個主題同樣有趣的是，但我們不能離題太遠，原來要討論的是父母照顧行為。到現在為止，我們已經看過母親對待嬰兒的行為。我們從嬰兒出生的偉大時刻開始追蹤，看著她餵奶、抱著嬰兒、安撫嬰兒。現在我們要把重點放在嬰兒身上，研究他的成長過程。

嬰兒剛出生時的平均體重為 3 公斤多。這大約是媽媽平均體重的二十分之一。在最初的前 2 年裡，生長速度非常快。第 4~6 年裡也很迅速。只是，到 6 歲以後，生長開始明顯趨緩。這個生長變慢的趨勢在男孩維持到 11 歲，女孩維

持到 10 歲。緊接著，來到青春期，生長速度又開始另一階段的爆發。男孩從 11~17 歲，女孩從 10~15 歲，都可以看到他們的身體快速成長。由於女孩的青春期比男孩來得早，所以在 11~14 歲時，女孩的生長速度比男孩快。但是 14 歲之後，男孩的生長速度就一路超過女孩。女孩到了 19 歲左右，身體就不再成長；男孩則是稍晚，要到 25 歲左右才會停止成長。嬰兒 6、7 個月時，會出現第一顆牙齒；在 2 歲或 2 歲 6 個月時，全部的乳牙都會長好。6 歲時會長出第一顆恆齒，但是最後的幾顆臼齒（智慧齒）通常要到 19 歲左右才會冒出。

新生兒花很長的時間在睡覺。通常的說法是，在出生後的前幾個禮拜裡，他們一天差不多只有 2 小時是醒著的。但事實並非是如此，他們是很想睡沒錯，但是並沒有睏到那種程度。仔細的研究發現，在生命初期的前 3 天裡，每天的平均睡眠時間是 16.6 小時，但個體間的差異程度很大，最愛睏的一天可以睡上 23 小時，而體力最旺盛的只須睡 10.5 小時。

在童年時期，睡眠和清醒的時間比例，隨著年齡的增長而逐漸變小，一直到成年期為止，從剛開始的 16 小時減半到只有 8 小時。只是，有些成年人的睡眠時間離平均睡眠 8 小時還有一段不小的距離。有 2% 的成年人一天只需 5 小時的睡眠時間就足夠，但也有 2% 的成年人，一天要睡足 10 小時才夠。在這裡順便提一下，成年女性比成年男性所需睡眠時間稍多。

新生兒一天 16 小時的睡眠時間支配，並不全然集中在夜間，而是被分割成許多片段，分散在一天之內。雖說如此，就算是剛出生的時候，還是有晚上睡得比白天多的傾

向。過了幾個星期之後，漸漸地從晚上的一段睡眠時間開始加長，變成主要的睡眠時段。嬰兒從此開始在白天會有幾段主要的休息時間，和晚上一段的長時間睡眠。這種改變讓 6 個月大的嬰兒，白天平均的睡眠時間降低到 14 小時左右。在之後的幾個月裡，白天裡斷斷續續的短暫休息次數減為早晚各一次。到 2 歲的時候，早上的那次休息通常也不見了，平均的睡眠時間也因此降到 13 小時。5 歲時，下午的休息也消失了，一天的睡眠時間再度降到 12 小時。從 5 歲到青春期的歲月裡，每天的睡眠時間還會再減少 3 個小時，使得在 13 歲時，小孩晚上的睡眠時間只剩下 9 小時。從 13 歲到青少年時期，睡眠時間的長短和成年人並沒有太大的差別，平均不會超過 8 小時。因此，最後的睡眠規律性是和性成熟期彼此配合，而不是和最後的性成熟有關。

　　有趣的是，學齡前的小孩之間，智商較高的比智商較低的需要睡眠時間較短；只是到了 7 歲之後，情況會反過來。智商較高的小孩比智商較低的需要更多的睡眠時間。在這個階段裡，看起來好像並不是清醒的時間較多，就會花比較多的時間用功讀書。而是，他們被迫去學習大量知識，比較用功的小孩在結束一天的學習之後，已經精疲力竭了。相對地，成年人之間聰不聰明和平均睡眠時間之間並沒有一定的關係存在。

　　健康的成年男女平均所需入睡時間大約是 20 分鐘。睡醒則是自然發生。如果需要以人為的方式叫醒，就表示沒睡飽，醒來之後，會造成警覺性降低。

　　新生兒在清醒時很少移動。和其他靈長類幼獸比較起來，他的肌肉系統較不發達。小猴子從出生的那一刻起，就

能夠緊緊抓住他的媽媽；在出生的過程中，也會用手抓住媽媽的皮毛。相對地，人類的初生嬰兒非常無助，只能輕微晃動他的手足。要到滿月時，才能不需扶持下在趴著時把頭抬起。2個月大時，可以讓胸部離開地面。3個月大時，可以碰到懸掛的物品。4個月大時，在媽媽幫助下可以坐著。5個月大時，可以坐在媽媽的腿上，並且把東西抓在手上。6個月大時，可以坐在高腳椅上，並準確地抓到晃盪的物品。7個月大時，不用人扶就可以坐得很好。8個月大時，在媽媽扶持下，可以站得起來。9個月大時，扶著家具可以站立。10個月大時，可以手腳並用，在地面爬行。11個月大時，在父母的牽引下，可以走路。1歲時，可以靠著物體的支撐，讓自己站立。13個月大時，可以自己爬樓梯。14個月大時，不用扶東西就可以自己站得很穩。15個月大時，重要的時刻來臨，他終於不需要借助任何物品，可以自己走路了。（當然，這指的是在一般的情況下，意味著人類姿勢和運動速率約略的發展指標。）

在小孩不需要借助外力，可以自己走路的時候，也差不多是開始牙牙學語的時刻——先是簡單的幾個字，很快地以令人驚訝的速度迸出詞彙。到2歲時，每個小孩平均會說200字的詞彙。3歲時，會說900個詞彙；4歲時，1600個；5歲時，2100個。這種模仿聲音的驚人學習速率是人類所特有的，也是人類重要的進展之一。誠如我們在第一章所學到的，這和共同合作的狩獵活動裡需要更精確、更有效率的溝通有關。在現存、近緣的靈長類動物裡，並沒有相近的能力出現。黑猩猩和我們一樣，在行動的模仿上學習得非常快；卻沒有模仿語言的能力。

　　曾經有人以一系列設計嚴謹、煞費苦心的實驗，想要訓練小黑猩猩說話，結果卻是非常有限。這隻小黑猩猩被養在室內，和我們的小嬰兒同樣的成長環境裡；以食物作為牠開口出聲的獎勵，還花特別長的時間鼓勵牠發出簡單的字句。小黑猩猩在 2 歲半時，會開口說媽媽、爸爸和杯子。最後牠會想辦法說出正確的用法，當牠想要喝水時，牠會說杯子。艱鉅的訓練持續進行，小黑猩猩在 6 歲時（約當我們人類可以用到 2000 個詞彙），會用的詞彙還不到 7 個。

　　2000 個和 7 個詞彙之間的差別，問題的癥結不在是否發得出聲音，而是在腦袋。從構造上來看，黑猩猩有一個可以毫無問題可發出多種不同聲音的裝置；實在找不出可以解釋牠無法開口的行為，所以問題是在腦袋裡面。

　　跟黑猩猩不一樣的是，某些鳥類有驚人的語言模仿能力。鸚鵡、虎皮鸚鵡、八哥、烏鴉還有其他的鳥，可以不費吹灰之力、一口氣說出完整的句子。只是，很可惜牠們的腦袋還不夠聰明到會運用這個能力；只是把主人教牠們的複雜聲音、順序，以固定的次序自動重複出來，並沒有和外界的事件做連結。然而，令人感到驚訝的是，猴子和黑猩猩在這一方面，居然也無法有更進一步的發展；就算是一些簡單、在文化上已經定型、對牠們在自然環境下很有用的字，實在令人想不通，為什麼他們還沒有學會。

　　再回頭談談我們自己，我們和其他靈長類動物所共有的最基本、與生俱來的咕嚕、呻吟和尖叫聲，並沒有因為我們新學到的聰明詞彙而消失。我們天生的聲音信息被保留下來，繼續維持它們重要的角色。這些天生的聲音信息不僅提

供聲音的基礎，也讓我們在這個基礎上，向上增加屬於我們自己的詞彙，作為物種內典型的溝通設計，它們本身也有存在的權利。跟詞彙所傳達的信息不同，聲音自然而然地出現，不需要後天的訓練，而且在不同文化背景下代表相同的意義。尖叫聲、嗚咽、笑聲、咆哮、呻吟和規律的哭聲，對每個人在不同場合裡，傳遞的都是相同信息。跟其他動物的聲音一樣，這些都是基本的情感情緒，是表達發聲者的立即情緒狀態。我們本能上的表達也以同樣的方式被保留下來，微笑、輕笑、皺眉、凝視、慌亂和憤怒的表情。這些也都是不同社會裡持續的共通表達，雖然我們已經有許多文化上的手勢表達。

了解我們早期發展是怎麼產生這些基本的、物種的聲音和物種的表情是很有趣的；規律的啼哭反應是與生俱有，微笑則是稍後大概在 5 週大左右才出現，3、4 個月後才會出現大笑和亂發脾氣；這些都是值得深入去調查的模式。

我們最早、也是最基本所能表達的心情和信息是啼哭不止，微笑和大笑是人類所擁有獨特、專一的信號，和其他上千種類所共有的只有哭泣。事實上，所有的哺乳類動物（尤其是鳥類）受到驚嚇或是感受痛苦時，都會發出尖叫聲、吱叫聲、喊叫聲和啼哭聲來發洩。在構造比較複雜的哺乳類動物，臉部的表情演化成為視覺信號的構造，這些警戒的訊息通常都伴隨著臉部恐懼的表情；不論是幼體還是成體發出這種反應，都代表有某些事情真的不對勁。幼體會警告父母，成體則是警告同伴。

嬰兒會為很多事情而啼哭，痛的時候會哭，餓的時候會哭，孤單的時候會哭，在陌生的刺激下會哭，突然間沒人抱

抱會哭，或是拿不到想要的東西會哭。這些讓嬰兒啼哭的原因可以歸納為兩類重要的因素：生理上的疼痛和不安全感。在任何一種情況下，一旦嬰兒發出信號，父母就會產生保護性的反應。如果在嬰兒發出信號時，父母不在身邊，他們會馬上靠近並把嬰兒抱在手上搖晃、輕拍或輕輕觸摸。如果嬰兒已經被父母抱在手上，但是嬰兒仍然持續啼哭，父母會檢查嬰兒，看看到底是什麼原因造成他哭鬧不停。父母親的反應會一直持續到啼哭這個信號被關掉為止（在這方面，基本上與微笑和大笑的形式是不一樣的）。

啼哭這個動作包括肌肉緊張、頭部通紅、眼睛噙著淚水、嘴巴張大、嘴角後縮、呼吸增強、強烈呼氣，當然還有尖銳、刺耳的聲音。再大一點的嬰兒，還會有奔向父母並黏著不放的現象。

雖然大家都已經很熟悉嬰兒啼哭的過程，我還是在此對這個模式做詳盡的描述，因為我們特有的微笑和大笑信號就是從這裡演化來的。當某人說「他們笑著笑著就哭起來了」，是在說明哭和笑的關係。但是從演化學上的觀點來說，哭跟笑的關係剛好相反：我們是先學會哭，再學會笑。這怎麼說呢？首先，我們必須要先了解在反應模式裡哭和笑有多相近？由於它們在情緒上的反應完全不同，所以我們通常會忽略相同之處。笑和哭一樣，都會有肌肉緊張、嘴巴張開、嘴角後縮、呼吸增強、強烈呼氣等現象。笑到最高點時，也會有漲紅了臉和眼睛裡有淚水的情況；只是聲音比較不尖銳，不刺耳。最重要的是，笑聲比較短，頻率較高。和笑聲比較，嬰兒哀叫的哭聲被分節、切成好幾個小片段的同時，也變得柔順和降低音調。

　　看起來，笑的反應是哭的反應以下列方式演變而來的次
級信息，前面提到人一出生就會哭，到出生後第3、4個月
左右才出現笑，差不多和嬰兒開始學會辨認自己父母的時期
相同；能認出自己父親的可能是個聰明的小孩，但是小孩只
有看到自己的母親時才會笑。在學會認識、辨識自己母親之
前，嬰兒只會咯咯地笑和咿呀學語，但是不會笑。在能辨認
出自己母親的同時，他也開始對其他陌生的大人產生畏懼。
在他 2 個月大時，任何熟悉的面孔，和友善的大人都來者不
拒。但是現在他對周遭世界的畏懼感漸增，任何不熟悉的人
都有可能會讓他不高興，並且弄哭他。（稍後他會知道，有
某些大人可以令他滿足，讓他對這些大人們的恐懼感消失，
但這些是透過有選擇性的個人辨認產生的，並不是所有人都
能贏得信任。）

　　在這個對母親產生印痕過程的結果，是嬰兒發現自己
處在一個奇怪的矛盾之中。如果媽媽的行為讓嬰兒受到驚
嚇，是因為媽媽發出兩套完全相反的信息；其中之一說「我
是你的媽媽，你的私人保護者，你不用害怕」。另一說「小
心！這裡有可怕的東西」。在不認識媽媽之前，嬰兒對這兩
套說法不會覺得有所衝突，因為如果在當時媽媽做了嚇人的
行為，對嬰兒而言，她不過就是一個嚇人的刺激來源而已。
但是現在她可以給一個雙重的信號：有危險，也沒危險。或
換一個方式說：「這裡或許有危險，但這個危險是我所引起
的，所以你不用太擔心」。嬰兒對這個結果產生的反應是：
一半會哭，一半是被媽媽逗弄得咯咯笑；兩種結果一起出現
就是大笑。（或者，甚至在很久以前，笑本身就已經被定型
並完全發展成一個獨立、明顯的反應。）

　　所以這個大笑代表著：我知道這個危險不會發生。而大笑把這個信息傳給媽媽，媽媽現在可以跟嬰兒玩得很起勁，不用擔心嬰兒會哭。嬰兒最早發出笑聲來自媽媽的躲貓貓遊戲、拍拍手、有節奏地擊膝和把嬰兒舉高。之後，到 6 個月大的時候，搔癢也很有用。這些都是來自安全保護者、讓人感到震驚的刺激。很快地，小孩們就能自己挑起這些刺激，例如：在玩捉迷藏時，可以自己發現這種震驚；或是玩逃跑的遊戲，然後被抓到。

　　因此，笑聲變成是一種遊玩的信號，一個可以持續發展、增進親子間互動關係的象徵。如果這些信號變得太驚悚或是痛苦，那麼小孩的反應會變成哭泣，而且馬上再度刺激產生保護性的反應。這個信號系統讓小孩能擴展對身體能力和周遭世界環境的探索。

　　其他動物也有自己特殊的遊玩信息，只是沒有我們的這麼好玩。例如黑猩猩有一個臉部特殊表情和輕柔咕嚕聲音；這種咕嚕聲相當於我們的笑聲，是種典型的信息。從起源來看，這些信號和我們的哭笑一樣，都有相同的矛盾存在。小猩猩在打招呼時，會向前噘起牠的嘴唇，伸展到極致。受到驚嚇時，會把嘴唇後縮，張大嘴巴、露出牙齒。遊玩的表情則是友善的招呼和恐懼兩種截然不同感覺交織融合。害怕時，下巴張得很開，嘴唇往前伸出，遮住牙齒。柔軟的咕嚕聲是介於打招呼的嗚嗚聲和害怕的尖叫聲之間。如果遊戲玩得太過火，嘴唇會向後縮，咕嚕聲變成短促、尖銳的叫聲。如果遊戲真的就只是遊戲，下巴會閉合，嘴唇向前推，形成猩猩友善表情裡的噘嘴狀態。基本上和人類的情形是一樣的，只是柔軟的遊玩咕嚕聲和我們激動的、漲紅了臉的大笑

聲比起來，是小巫見大巫。隨著小猩猩的長大，遊玩信息的重要性逐漸降低，只是在人類仍然在日常生活中扮演著愈來愈重要的角色。裸猿長大以後，仍然是一隻調皮的猿。這是他探索天性裡的一部分，他不斷地想把事情做到最好的地步，想要自己嚇一嚇自己，在讓自己不會受到傷害的情況下，驚嚇自己，然後以有感染力的響亮笑聲來做為他鬆了一口氣的信號。

當然，對成人和較大的小孩來說，嘲笑別人也可被當成是一種有力的社會性武器。這是一種雙方面的羞辱，因為這意味著一方面他奇怪到令人害怕，另一方面他也不值得被當成一回事。觀眾花很多錢買票進場看專業的喜劇演員故意承擔這個社會性的角色，為的是確認和喜劇演員所表演出來不正常行為比較起來，他們的確是很正常的。

青少年對他們偶像所產生的反應也和這個有關，他們喜歡當觀眾，不是因為可以任意大聲歡笑喊叫，而是可以大聲尖叫。他們不只是尖叫，同時抓住自己和別人的身體，扭動、呻吟，遮住臉部、拉扯自己的頭髮；這些都是強烈痛苦和害怕的典型信號，但是已經被故意變成風格化了。他們忍受的標準也被人為的降低了，不會用啼哭來尋求幫助；但是在觀眾之間傳遞的信息，讓他們能夠感受到對性感偶像強烈的情緒反應，就像是高強度刺激讓人無法忍受，又讓人感受到純粹的痛苦。如果一名少女突然發現自己是單獨和她的偶像處在同一個場合裡，她絕對不會對著她的偶像尖叫。這個尖叫對偶像而言，沒有任何意義存在，而是對群眾裡其他的少女們發出的信息。透過這種尖叫，少女們可以確認彼此對情緒發展的回應。

在我們轉換眼淚和歡笑的話題之前，還有一個迷思需要釐清：某些媽媽們對於嬰兒在前 3 個月不斷啼哭感到十分痛苦。如果父母想盡辦法都不能讓嬰兒止住淚水。他們通常都認為嬰兒一定是身體上有某種重大不適，然後根據這個推斷去處理這個問題。當然，這是對的，一定是身體上有什麼地方不對勁了，但這可能是果而不是因。最主要的線索來自以下的事實：就在嬰兒 3、4 個月大的時候，所謂的像「絞痛般」的啼哭居然就像神蹟似地停止了；它消失在差不多和嬰兒剛開始可以辨識自己媽媽的同時。比較一下啼哭嬰兒和安靜嬰兒媽媽們的行為，就可以得到答案。

啼哭小孩的媽媽們在面對她們的嬰兒時會有不確定性、緊張和焦慮的情緒出現。安靜小孩的媽媽們則是表現出慎重、沉靜和安詳。

重點是在這段幼年期裡，嬰兒事實上是可以分辨「安全」和「不安全」與「警戒」之間的不同。

一位焦慮的媽媽無可避免地會把焦慮訊息傳遞給她的初生嬰兒；訊號會以適切的方法回傳給她，要求保護，免於焦慮。這只會造成媽媽的苦惱，然後讓嬰兒哭得更兇。最後，這個可憐的嬰兒會哭到生病，再加上身體的疼痛，使他原本已經十分悲慘的境遇更是雪上加霜。媽媽如果想要打破這個惡性循環，就必須要接受這個狀況，自己要能保持冷靜；就算她自己不能處理（幾乎無法在這一點上騙過嬰兒），問題也會自己解決。

誠如我所說的，在嬰兒 3、4 個月大的時候，因為小孩會開始有媽媽的印痕，而且本能上開始把她當成保護者，開始對她的行為產生反應。媽媽不再是一系列沒有血肉的不安

刺激，而是一個熟悉的面孔。如果她持續給予不安的刺激，
嬰兒們也不會太過於警覺，因為這些刺激是來自一個友善本
質的已知來源。嬰兒和母親日益緊密結合，讓母親平靜下
來，自然而然地就會降低她的焦慮感。嬰兒「絞痛般」的哭
泣因此消失。

　　到目前為止，我尚未談到有關微笑的問題，因為它是
比大笑還要更為特化的反應，就像大笑是哭泣的次級形式一
樣，微笑也是大笑的次級形式。乍看之下，微笑看起來和低
強度的大笑一樣，只是事情不像表面那麼簡單。的確！適度
的大笑和微笑之間似乎沒有區別，所以微笑毫無疑問地是起
源自大笑。然而，很明顯地，在演化的過程中，微笑被解放
出來，因此現在必須被視為一個獨立的實體。高強度微笑，
像是咧嘴笑和滿面笑容，就功能來說，和高強度大笑不同；
它已經特化成為一個物種打招呼的信號了。如果我們以微笑
來歡迎某人，他們會感受到我們的友善之情；如果我們以大
笑來取代打招呼，那麼他們可能懷疑我們到底有什麼企圖。
　　任何的社會接觸充其量不過是適度畏懼的引發罷了。在
接觸的那一刻，對方的行為是一個未知數；不論是微笑還是
大笑，都表達了恐懼的存在，以及恐懼、吸引和接受互相結
合下的複雜情緒。但是當大笑發展到高強度時，所釋出的信
號是：已經準備好接受更進一步的震驚，並接受這個震驚所
帶來更進一步危險與安全摻半的探索。相反地，如果低階大
笑裡的微笑表情變成其他的咧嘴笑，這個信號所代表的又是
另外一種意思，情況不會繼續朝那個方向發展下去；它只是
單純表達最初的心情就是本身的目的，不用費心推敲。相視

微笑可確認雙方都有些許的害怕，卻仍然對彼此有吸引力。有一些害怕，也是說沒有攻擊性，沒有攻擊性就是友善；也因此微笑被視為是一個友善、吸引人的策略。

為什麼我們需要微笑這個信息，而其他的靈長類動物不用？沒錯，牠們是有不同的友善姿勢，只是微笑是人類所特有的，在我們日常生活中非常重要的信號，不論對成人或嬰兒，微笑都很重要。

在我們自己生存模式中，到底是什麼因素把微笑這個信號變得如此重要？答案似乎是我們顯著的裸露皮膚。

小猴子出生後就會緊緊地抓住母親的皮毛，之後，在牠首度離開媽媽去冒險時，牠一聽到媽媽的呼喚，會立即跑回來，並緊緊抓住媽媽，回到原來的位置。小猴有自己一套積極的方法，確定牠和媽媽有緊密的身體接觸。即使媽媽不喜歡這種接觸（尤其是當小猴長大、變重了），牠也很難拒絕。如果有機會去撫養小黑猩猩，當牠的媽媽，你就會知道這種感覺。

人類在剛出生時，狀況更是危急。我們很脆弱，無法攀爬，媽媽身上也沒有任何東西可以用來抓住。母親身上可以讓我們和她很靠近的東西不見了。我們必須完全依靠媽媽所發出的刺激信號，我們可以放聲大哭，以喚起父母的注意，一旦他們靠近以後，我們就要想辦法留住他們，好繼續照顧我們。小黑猩猩也和我們一樣會用大哭來引起媽媽的注意；媽媽一旦聽到哭聲會馬上衝過來，抱起小猩猩：小猩猩也會馬上再度抓緊媽媽。如果是我們，在這個時候就需要有能夠抓住的替代品，某種信號可以讓媽媽感到欣慰，讓她願意繼續留下來照顧我們；微笑就是這樣產生的。

　　嬰兒在出生後的幾週裡，就會開始微笑。但是，一剛開始並沒有對著特定的目標微笑。大約到第 5 週時，小嬰兒的眼睛能凝視目標，開始對特定刺激有明確的反應。剛開始，會對瞪著他看的一對眼睛有反應；也可在卡片畫兩個黑點來假裝是眼睛。幾週後，除了一雙眼睛還必須要多配上一個嘴巴；兩個黑點下方多加一條代表嘴巴的線，更能引起嬰兒的反應。不久之後，一個張大的嘴巴是很重要的，眼睛在主要刺激角色的重要性就開始衰褪。大約在 3、4 個月這個階段，小嬰兒開始有對特定目標的反應專一。從對熟悉的面孔變成對媽媽特別面孔的反應；父母的印痕於是開始產生。

　　在這個嬰兒微笑反應演變的過程中，令人感到驚訝的是，嬰兒並無法辨別四方形、三角形或是其他尖銳的幾何圖形。看起來，嬰兒除了在某些和人類有關的特殊形狀之外，似乎在辨識其他形狀方面需要一個特殊的成長，而其他視覺上的能力則是遠遠落後。這讓嬰兒的視力可以專注在對的目標上。這樣可以避免印痕烙在附近相似的形狀上。

　　嬰兒在 7 個月大時，就可以記住媽媽的樣子；不管媽媽做了什麼事，在小孩心裡，她永遠就是媽媽的形象。小鴨在產生印痕之後，會一路跟隨著母鴨；小人猿則是緊抓住母猿；人類則是靠著微笑來維持這個重要的關係。

　　微笑這個視覺上的刺激，主要是靠著嘴角上揚的簡單動作來維持它獨特的輪廓。嘴巴張開到一定程度，嘴唇後縮，跟恐懼時臉上的動作一樣，但是微笑多了嘴角上揚的特徵，使表情大大地改變了。這個發展反過來造成其他臉部對比姿勢的出現——嘴角下垂。把嘴巴的線條完全和微笑時形狀相反，可以表達一個反微笑的信號。誠如大笑起源自哭泣，微

笑起源於大笑。這個友善的表情透過回擺,產生了不友善的臉部表情。

　　微笑的動作並不是只牽涉到嘴巴的線條而已,成人甚至只要可以扭曲一下嘴唇,就能傳達我們的心情。但是嬰兒投入的動作更多,當微笑到極致時,會手足舞蹈,把手極力伸向刺激源頭,並且移動雙手,不斷發出聲音。頭向後仰,突出下巴,身體向前傾或是向一旁捲曲,很誇張地呼吸;瞇起發亮的眼睛,眼睛下方和眼眶四周出現皺紋,有時鼻樑上也會出現皺紋。鼻翼兩側的皮膚有皺褶,嘴巴旁邊顯得更突出,舌頭微微突出。在以上這些不同的動作裡,嬰兒身體的動作似乎是有要向母親靠近的意思,雖然動作很笨拙,嬰兒想要表達的是我們靈長類老祖宗所遺留下來對抓緊的反應。

　　我已經詳細地說明嬰兒的微笑,當然,微笑是一個雙向的信號。當嬰兒對他的媽媽微笑,媽媽也會回報他一個微笑;雙方都有收穫,之間的關係就會更加緊密地結合。你可能會覺得這是一個很明顯的事實,但其中還是存在著蹊蹺。某些媽媽們在激動、焦慮或是和小孩生氣時,會試著擠出微笑來掩飾她們的情緒,希望這張強裝的笑臉,可以避免造成嬰兒的不安,但實際上,這可能是弊大於利。前面提過,媽媽很難在情緒上瞞過嬰兒。在幼年時期,我們對父母情緒是激動或是平靜的細微徵兆有很敏感的反應。嬰兒在前語言階段以前,大量的符號機件之前,文化上的溝通已經讓我們陷入困境,我們對小動作的依賴、體位的改變和聲音的音調,在此時更勝於日後所需。

　　其他動物在這方面特別會利用這些方法來交流,以會算數驚人能力聞名的馬「聰明漢斯」,事實上是利用牠在對

訓練師細微姿勢變化的敏銳性來達成算數。在做加總的計算時，漢斯會用牠的腳敲地數次，然後停止；就算訓練師不在現場，改由其他人出考題，牠還是不會算錯。因為，當漢斯用腳敲到正確答案的次數時，出題的陌生人會不自覺地緊繃一下。我們都會這樣，一直到成年之後還是如此。（算命師也是利用這方式來做判斷，他是不是說對了。）但是，這種能力在前語言階段的嬰兒身上顯得特別活躍，不論媽媽如何掩飾她的緊張和不安，小孩還是感受得到這個訊息。即使她同時給嬰兒一個很深的微笑，也騙不了嬰兒，只是讓嬰兒覺得更困惑。兩個截然不同的訊息被同時傳遞給嬰兒。如果這種困惑一直出現，會對嬰兒造成永久性的傷害，讓他在日後的社會接觸和調整適應行為方面出現很嚴重的問題。

詳述有關微笑的話題之後，讓我們轉換一個截然不同的活動。

經過幾個月之後，嬰兒會出現一個新模式的行為：開始有攻擊性；發脾氣和生氣時會哭鬧，和小時候凡事都用哭來表達，有所不同。嬰兒用一個更為片段、不規則形式的尖叫，加上粗暴的用力揮手、蹬腿，來表達他的攻擊行為。他攻擊小的目標，搖晃大的物品，吐、噴、咬、抓、打，伸手構得到的東西。剛開始這些活動大多是隨意亂弄，沒有協調性。哭泣表示還存在著恐懼感。這時侵略性還沒完全發展成為攻擊性，嬰兒要等到長大一些，能自我肯定，確定自己的體能之後，才會進行攻擊。等到那個時候，他會擁有自己特有的臉部信號；這些信號包括緊閉嘴唇的怒目而視；嘴唇噘成一條線，使嘴角往前，而不是向後。眼睛凝視對方，皺起眉毛往下壓，緊握拳頭，他已經準備好要捍衛自己了。

　　觀察發現，這種侵略性的行為，在小孩密度增高時會有增加的趨勢。在密度增加的情況下，群體內個體友善的社會性互動行為會降低。破壞性和攻擊性的行為模式在頻率和強度上都有明顯上升的趨勢。這一點是很重要的，我們還記得在其他動物裡，打鬥不僅是用來決定霸主地位，爭奪屬誰，也可以增加物種的空間分布。我們在第五章會再談論到這個問題。

　　父母除了保護、餵食、清潔和陪小孩子遊玩之外，他們的職責還包括所有重要的訓練過程。和其他動物一樣，這是一個賞罰系統，小孩透過這個系統漸漸地去改變、調適和嘗試錯誤的學習。此外，小孩也會透過模仿而快速學習，這在其他動物身上是比較少見的；但是，在人類身上被極度加深、改良。當其他動物有這麼多需要費力學習的事情時，我們卻可以經由仿照父母而快速學習。裸猿是一種會教導的猿類（由於我們本身非常熟悉這種學習的方法，於是認為其他動物也能透過這種方法受惠，也因此高估了教導在牠們生活裡所扮演的角色）。

　　我們在成年以後的大部分行為，是靠著在童年時模仿吸收而來的。我們常常想像我們的行為很特殊，因為這些行為和某些抽象、崇高的道德法規相吻合。然而在現實生活裡，我們的所作所為只是在遵守一個根深柢固和被長期遺忘、純粹模仿的印象而已。因為這種無法改變的服從印象，加上被我們隱藏良好的本能衝動，所以無法透過社會的力量去改變他們的風俗和信仰。即使面對令人感到興奮、精闢有理的新思維，建立在純粹、客觀和智慧的運用上，社群還是會固守在古老、以家為基地的住所和偏見。如果我們想要順利度過

少年時期，這個所謂「吸墨紙現象」的重要階段，就要迅速吸取前人的經驗；這是我們必須要忍受的苦難。我們在接受有價值的事實時，也被迫要接受偏頗的意見。

很幸運地，我們有一份解藥可以治療針對從模仿學習過程中所承接到的缺失。我們有敏銳的好奇心和強化的探索衝動，可以共同對抗其他的傾向、產生平衡，創造極為成功的潛力。只有在當文化因沉溺在重複的模仿中，或是太過草率、莽撞地探索而變得太僵化時，才會變得不知所措；能夠在兩個衝動之間取得平衡的，才能茁壯生長。

在現實世界，我們可以看到很多太過僵化或是太過魯莽的文化例子；小的、落後的社會，完全受到沉重的禁忌和古代的習俗支配，就是一個過於僵化的例子。同樣的一個社會，如果受到進步文化的翻轉與協助，就能快速轉換為魯莽文化的代表。但如果社會創新和探索的激情這兩帖藥下得太猛，會顛覆來自仿古的穩定力量，或是迫使走向另一端。結果會造成文化的動盪和解體。幸運的是，社會是在模仿和好奇心之間、盲從，不經思考的抄襲和漸進式、合乎理性的實驗間，逐漸取得平衡。

第四章
探索

哺乳類動物都有一股強烈的探索衝動，在裸猿身上，童年
時期的好奇心隨著年齡增長而變強，一直到進入成年期。
雖然探索行為在取食、戰鬥、交配和其他基本生存模式中
佔有重要地位，為何它是我們能夠生存下來的要訣？

所有的哺乳類動物都有一股強烈的探索衝動，只是在某些種類裡這股衝動比較強烈。衝動的強弱程度，主要取決於他們在演化過程中的特化程度。如果在演化過程裡，他們集中全部的力量朝一個生存特徵演化，就不會太在意周遭世界是如何的改變。食蟻獸只要有螞蟻，無尾熊只要有桉樹，牠們就會心滿意足，過著很愉快的日子。另一方面，動物界裡非專一食性的機會主義者，就無法過得那麼愜意了；牠們永遠不知道下一餐在哪裡，牠們搜尋每個地方，不放過任何可能性，密切注意可能的覓食機會。牠們必須要四處找尋，而且是不斷的探索。牠們必須要查訪，而且不斷地在檢查。牠們必須保持高度的好奇心。

探索不只是為了要找尋食物而已，自衛也會有同樣的要求；像刺蝟、豪豬和臭鼬會邊聞邊踏步，製造很多的噪音，驚動了天敵也不在乎。然而，缺乏自衛武器的哺乳類動物必須時時刻刻保持警戒、熟悉危險的信號，以及逃脫的路徑。要生存，必須要對活動範圍內的每一個細節都瞭若指掌。

從這方面來看，如果不走向特化一途，似乎會很沒有效率。那為什麼還會有機會主義者的哺乳類動物存在呢？答案是：在通往特化生活的途中困難重重。只要特殊的生活技能行得通，一切都好說。但是如果環境經歷了大改變，特化者可能會陷入困境。如果牠在特化的路上超越極端、勝過牠

的對手,那麼牠的遺傳組成必須經歷重大的改變。只是當危機來臨時,牠的遺傳組成是無法快速回復到原來的組成。因此,如果桉樹林不見了,無尾熊就會消失。如果有一種動物可以撕裂盔甲般的外殼,那麼刺蝟就會變成俎上肉。對機會主義者而言,日子可能會很難過,但是,牠能很快適應任何環境的快速改變;移除獵捕食的老鼠,牠會改吃蛋和蝸牛;拿走猴子的水果和堅果,牠會改吃根和嫩枝。

在所有非專食性的動物裡,猿類可能是最典型的機會主義者。在非專食性裡,身為群居動物之一的牠們是最特殊的。在猿猴類之中,裸猿是機會主義者之最。這只是他幼體持續演化中的一面罷了。

所有的小猴子都是好奇寶寶,只是好奇心的強度會隨著年齡的增長而衰退。在人類身上,童年時期的好奇心隨著年齡的增長而逐漸變強,一路伴隨著我們進入成年期。我們會不斷查探,知道每一個問題都伴隨著另一個問題。這就是我們能夠生存下來的要訣。

會被新鮮事物所吸引的傾向,叫做 neophilia(這是希臘語,意思是對新奇事物的強烈興趣)。相反地,neophobia 這個希臘字指的是害怕新事物。任何不熟悉的事物都存在潛在的危險性,接近時要十分小心。或者說應該要避免去接近?只是如果我們不去接近它,要如何去了解?對新奇事物的好奇衝動驅使我們去接近它、讓我們對它產生興趣,一直到問題得到解答、熟悉到衍生輕視為止。在這個過程當中,我們把所得到的寶貴經驗留存起來,日後有需要時再喚起記憶。小孩就常常這樣在重複這個過程,他追求新奇事物的衝動非常強烈,所以需要父母的約束。雖然父母可以順利地引導小

孩的好奇心，卻無法壓抑它。當孩子開始成長，有一天，他
們的探索傾向會達到警戒的範圍，這個時候大人們就會說：
「像野獸般的一群年輕人」。然而，事實剛好相反。如果我們
費心研究這些大人們的行為，就會發現其實他們才是野獸；
他們嘗試著限制探索行為，回到動物的保守習性中去尋求安
逸。幸好總是有不少成人仍然保留少年時期的創造力和好奇
心，讓整個族群得以向前推進和擴展。

　　如果我們注意觀察小黑猩猩在遊戲時的行為，立刻會
很震驚的發現，牠們和小孩之間的行為是如此相似，都會被
新玩具深深地吸引。小黑猩猩們會迫不及待地玩了起來，舉
起、放下、扭曲、敲打，並且拆解玩具。牠們都會發明簡單
的遊戲，對遊戲感興趣的強度和我們一樣。事實上，在出生
後的前幾年，小黑猩猩和我們玩得一樣好，因為牠們的肌肉
系統發育較快。但一陣子之後，牠們因腦部不夠複雜，而無
法扎下良好的基礎，就開始落後了。牠們的注意力不夠集
中，而且不會隨著長大發育而增強。總之，牠們無法把發現
的創新技巧詳細地和自己的父母分享。
　　要清楚的看出差別，最好舉一個具體例子，像是選擇用
圖片表示或是圖文探勘的方式；幾千年來，這些表達行為的
模式，對人類一直都很重要；西班牙的阿爾塔米拉岩窟和法
國的拉斯科洞穴的史前遺跡壁畫就是很好的見證。
　　小黑猩猩和小孩一樣，只要有機會和適當的材料，對
於在空白紙上做記號來開發視覺很感興趣。興趣的起源和一
個法則有關，花最小的力氣得到最大結果的調查──補償法
則。在每一種遊戲裡都可以看到這個法則的運用。我們在遊

戲投注了大量精力，但最令人感到滿意的是，那些能產生出人意表回饋的活動。我們可以把這個稱為「擴大補償」的遊戲原則。黑猩猩和小孩都喜歡重擊物品，尤其是用最小力氣就能產生最大噪音的東西。輕輕一丟就能跳很高的球、輕輕一碰就能很快穿越房間的氣球，輕輕一堆就能成型的沙子、輕輕一推就能移動的帶輪玩具，這些都是對他們具吸引力的玩具。

　　嬰兒首次看到鉛筆和白紙的時候，並不覺得它們有什麼用途；最多就是用鉛筆輕敲白紙，但這會產生令人愉悅的驚奇。敲打出來的聲音不只是單純的噪音，還有視覺上的衝擊。鉛筆的末端在紙上留下了一個痕跡，畫出一條線。

　　看到黑猩猩或是小孩第一次發現圖文探索的那一刻是很令人感到興奮的。他們睜大眼睛瞪著這一條線，對他自己不經意敲打所致的意外效果產生興趣；他看了一會，重複再做了一次實驗，果然，第二次也出現同樣的結果；然後一試再試；不久之後，紙上就畫滿了塗鴉。隨著時間的經過，畫線的動作也愈來愈激烈。單一、暫時性的線條被多條來回的線取代了。如果可以挑選，鉛筆優於蠟筆、粉筆和塗料，因為鉛筆在紙上能畫出比較均勻且粗的線條，可以產生更大的視覺效果。

　　不管是黑猩猩還是人類的嬰兒，大約都是在 1 歲 6 個月時，對這個塗塗抹抹的活動感到有趣；但是要到 2 歲以後，大膽、自信、多種線條才有真正增加的趨勢。到 3 歲時，一般小孩進入一個新的圖像時期：開始簡化他的胡亂塗鴉。在既存的令人感到興奮的混亂中，開始歸納基本的形狀。他開始學會畫叉、圓形、方形和三角形。到處充滿彎曲的線條，

最後圈成一個空間，線條變成輪廓。

　　隨後的幾個月，這些簡單的形狀相互結合，一個接著一個，形成簡單而抽象的模式；圓形會被交叉線切割，四方形中間畫上了對角線；這是進行第一個繪畫具象的重要階段。這個重要的突破出現在人類小孩 3.5~4 歲之間，但是小黑猩猩永遠不會出現這種突破。小黑猩猩嘗試畫扇形、交叉線和圓形，牠甚至可以畫出一個有記號的圓形，但最多就這樣了。

　　特別撩撥人心的是，這個有記號圓形的主題，其實是小孩最早畫出圖形的最直接預兆。在圓圈內畫幾條線或是幾個點，然後神奇的，紙上居然出現了一張人臉。突然靈光乍現，讓小孩認出紙上畫的是一張臉。至此，抽象實驗和創新模式的階段結束了，接下來是達到完美表現的新目標；畫出了新臉孔，一個更漂亮的臉蛋，眼睛和嘴巴各就各位，又加上頭髮、耳朵、鼻子和手腳等等更細節的部分。接著又加入花、房子、動物、船和車子等圖像。這些都是小黑猩猩永遠無法達到的。當達到畫好圓圈並做好圈內的記號這個高點之後，畫圖的黑猩猩逐漸長大，但是圖畫內容並沒有跟著進步。或許日後會出現一隻天才黑猩猩可以突破，不過可能性似乎不大。

　　對小孩而言，一個新圖像探索的代表性階段正橫在眼前，雖然這是發現新事物的重要領域，但之前抽象形式的影響仍然存在，尤其對 5~8 歲之間的小孩的影響更為顯著。在這個階段，小孩能畫出特殊且吸引人的圖畫，因為他們在抽象形狀時期曾經打下扎實的基礎，具體的圖像還處在一個非常簡單的分化階段。它們和自信、成熟的形狀模式和圖案安

排深深結合。

　　從圓圈內充滿點點成長到一個精確、全身的人物描寫，是一個有趣的過程。發現圖案可以代表一個臉孔，並不是一夕之間就完成的過程；很明顯地，這是一個目標，只是很花時間（事實上，最少需要 10 年以上）。首先，基本圖案必須先稍加整理，眼睛是圓的，嘴巴要有漂亮的水平線條，鼻子可以畫成兩點或是一個中心圓，頭髮要沿著圓圈的外緣。情況發展至此會暫停一下。畢竟，臉部是媽媽最重要、最引起注目的部分，至少在視覺上是如此。再過一陣子，會有更進一步的進展。只稍微的改變，例如把部分的頭髮留長。從這個臉部的圖形又可以長出手和腳，手腳甚至可以再長出手指和腳趾。

　　現在，基本的圖像形狀仍然是構築在之前的那個圓圈上。這是一個待得很久的老朋友。從圓圈變成一個臉之後，現在不但有臉，也有了身體。這個階段的小孩似乎並不擔心，他畫的手臂看起來像是長在頭上。但是這圓圈不能一直就長這樣；就像細胞一樣，它必須要分裂、長出第二個較小的細胞。此外，兩個腳的線條必須在腳的長度範圍之內、還要在高於腿的某處相連。不管是哪一種方法，都能產生一個身體。不管是發生哪一種狀況，都會讓手臂孤孤單單地突出在頭部兩側；它們還會在這裡待上一陣子，直到被帶到身體頂部向外突出的正確位置。

　　一步一步、慢慢地觀察這些步驟的變化是很有意思的，因為在發現的過程裡，它持續有進展。漸漸地，各種不同形狀互相結合，產生多元的圖像，更複雜的顏色，更多樣的質感。終於，達到正確的表示方式，對外面世界精準複製的捕

捉，並把它畫在紙張上。但在這個階段，當初探索活動的天性被對圖像傳輸的迫切需求所淹沒了。小黑猩猩和小孩在早期的繪畫和畫圖和思想傳遞扯不上關係；那是一種發現、創新和測試圖形變化可能性的舉動。它是一個繪畫的動作，而不是訊號。它不需要獎勵──繪畫的成品本身就是一種鼓勵，純粹就是為了好玩而已。然而，和許多童年遊戲一樣，這些繪畫活動很快地就融入了成人的活動之中。社交活動取代了這個行為，原始的創造力不見了，隨便畫一條線的純真激情不見了。大部分的成年人只有在信手塗鴉時，才會再度找回這種悸動（這並不表示他們已經失去創新的能力，只是創造的部分已經被轉換成更複雜的技術領域）。

幸運的是，對繪畫和畫圖的探索藝術，有關重現環境的圖像，已經出現更多、更有技巧的方法。攝影和它的相關技術，讓再現性的訊息繪畫變得過時。這打斷了長久以來束縛成人藝術的責任枷鎖。繪畫得以再度以成熟的成人形式展開探索。無庸贅言，眾所皆知這就是現在正在發生的事情。

我之所以選擇探索行為這個特殊的例子，因為它能很明顯看出我們和近親黑猩猩之間的差別；當然，在其他方面也可以做相類似的比較，但其中有一、兩方面值得在此稍加描述。兩種動物都有對聲音世界開發的現象；誠如我們所看到的，為了某種原因黑猩猩並沒有聲音創新這種本事，不過用手打鼓在牠的生命中佔有重要的地位。小黑猩猩不斷探索敲打、跺腳和拍手等可能會發出噪音的動作。長大以後，牠們把這些傾向發展成為社會性的敲打時期。黑猩猩一隻接著一隻跺腳，尖叫、撕碎植物、敲打樹樁和中空的樹幹。這些群體的展演有時會歷時半個小時以上。我們並不了解牠們為什

麼要這麼做，但是在群體成員彼此之間有互相激勵的效果。

　　在人類日常生活裡，擊鼓也是音樂表達裡最流行、最普遍的方式。跟黑猩猩一樣，音樂很早就進入人類的生活裡，兒童嘗試著敲打周遭的物體，看看它們會發出什麼聲音。只是成年黑猩猩只會敲出單調的咚咚聲，而我們把它發揚光大成複雜的交錯拍子，並且加入震動的音響和音調的變化來加強聲音。我們還把氣流引入中空構造之間和刮或撥動金屬片來製造額外的聲音。黑猩猩的尖叫和叫囂聲，在人類轉換成反覆而有節奏地吟唱。在比黑猩猩更為簡單的社群裡，我們開始出現複雜的音樂表演，和黑猩猩的敲打和叫囂聲所造成的相互激勵作用，有異曲同工之妙。和繪畫不同，這些聲音並不是在一個大音階裡傳遞詳盡信息的活動模式。

　　除了在某些文化是以連續有節奏的聲音來傳遞訊息之外，整體來說，音樂是挑起和協調公共情緒的媒介。音樂的創新和開發的內涵愈來愈強烈，只是在擺脫任何重要的再現職責之後，它就成為抽象審美實驗裡的主要領域。（因為繪畫還承擔其他重要的訊息，所以一直到最近才開始趕上音樂的腳步）。

　　舞蹈的發展和音樂、吟唱一樣，循著大致相同的過程。黑猩猩在敲打的過程中，伴隨著許多搖擺和跳動動作；這些在我們人類挑動心情的音樂表現中也看得到。和音樂一樣，這些舞蹈動作也從此開始變得更細膩，並且擴展為賞心悅目的複雜呈現。

　　和舞蹈相關是體操的發展。在小黑猩猩和小孩的遊戲中，常見到有韻律的肢體表演。這些動作很快地就被風格化

了，同時在結構形式中保留著彈性的變異性。只是黑猩猩的肢體遊戲不會有更進一步的發展，就此不了了之。相反地，我們充分發展它的可能性，並在成人期精心融入許多複雜的體操和運動形式。這些形式都在群體協調裡扮演重要角色。不過，最主要它們還是維持和拓展我們體能開發的方法。

書寫做為繪畫形式上和語言表達溝通方式的分支，很自然成為我們傳遞和紀錄訊息的主要方法。不僅如此，它們也被用來作為大規模審美探索的工具。把我們祖先錯綜複雜的哼哈和吱叫聲轉換為複雜的象徵性語言，讓我們可以坐下來玩味腦中的想法，運用（主要用於教學）字句系列到新的審美、實驗性玩物方面。

因此，在繪畫、雕刻、素描、音樂、歌唱、舞蹈、體操、遊戲、運動、書寫和演說的各個領域裡，在漫長的生命裡，我們都可以隨心所欲的繼續複雜和特化形式的探索和實驗。不論是表演者或是觀眾，都可以透過精密的訓練，對以上這些活動所提供的無窮開發潛能，產生敏捷的反應。

如果我們把這些活動的次要功能（賺錢、地位取得等等）擱下，從生物學的角度來看，它們不是從嬰兒遊戲形式中延伸到成人生活裡的方式出現，就是以成人訊息溝通系統遊戲規則的方式重疊呈現。

這些遊戲規則可以說明如下：一、研究不熟悉的事物變成熟悉的；二、熟悉的事物要有規律地重複；三、重複的變化性要盡可能的多；四、從這些變化性中挑選最滿意的，為此犧牲其他的也在所不惜；五、重複組合這些滿意的變異：六、這些過程都是為了遊戲而遊戲，遊戲本身就是一個目的。

　　這些原則適用各種大小規模的遊戲，不管是幼兒在沙堆中遊玩，還是作曲家在創作交響樂。

　　最後一條規則特別重要。探索行為在取食、戰鬥、交配和其他基本生存模式中佔有重要地位，只是被侷限在早期活動過程的食慾階段和滿足特殊需求。對許多動物來說，探索行為就只是這樣而已，沒有為探索而探索這回事。

　　然而，在較為複雜的哺乳類動物和至高無上的我們，探索行為已經被解放成為明顯、分開的驅動力。它的功能在提供我們對周遭世界、和我們與周遭世界相關能力，一個精細而複雜的意識。這個意識並沒有在基本生存目標的特殊內容裡被提高，而是以普通術語存在。我們用這種方式取得的，可以運用在任何場合，任何時間和任何形式。

　　由於科技在達成基本生存目標（例如：以武器戰鬥、耕作獲取食物、築巢為家和藥物舒緩症狀）的運用方法的特殊改進上，已經受到大量的關注，所以我並沒有在此討論到科技的發展。不過，有趣的是，隨著時間的經過，技術的發展更是環環相扣，純粹的探索衝動也入侵到科學的領域了。科學研究裡「研究」這個字本身就透露出遊戲的訊息，它的運用和前述的遊戲原則很類似。在基礎「研究」裡，科學家和藝術家都是運用相同的想像力。科學家注重的是漂亮的數據，而不是應變的措施。和藝術家一樣，他的主要關注是為了探索而探索。如果研究的結果證明，探索對某些特殊的生存目標有利，那當然是有好處的，不過這只是次要的。

　　在所有的探索行為裡，不管是藝術性還是科學性，始終存在著喜好新知和懼怕新知兩種截然不同衝動的拉鋸戰。

喜好新知的驅動帶領我們進入新體驗,讓我們對新事物產生慾望。懼怕新知的驅動讓我們裹足不前,投靠熟悉的事物。我們常常處在新鮮的刺激和熟悉的舊刺激兩種衝突的誘惑之中,搖擺不定,尋求平衡。如果我們偏向懼怕新知,就會停滯不前;如果我們偏向喜好新知,輕率地進入險境;這種衝突狀態不單只用來解釋較為明顯的時尚流行、髮型和衣著,家具和汽車;它也是我們整個文化進展過程的基本根基。我們一方面探索,一方面緊縮;既探究也求穩定,一步一步地拓展我們的意識,了解我們自己和我們身處的複雜環境。

在改變這個話題之前,最後還必須提到一個特殊的探索行為,它和嬰兒時期裡關鍵的社交性遊戲有關。小嬰兒在初期的社教性遊戲,主要是由父母親所引導;當他日漸長大,引導的目標從父母轉移到其他的小孩。這些小孩變成少年遊戲團體的一員。這在幼兒發展中是很關鍵的一步。這個探索行為對日後的成長過程影響深遠。當然,幼兒時期所有探索的形式都會有深遠的影響——在小時候如果無法探索音樂或是繪畫之美,長大以後學習這些才藝有困難——但是人與人之間在遊戲上的直接接觸更是重要。舉例來說,一位在童年時期並沒有機會學習音樂的成年人首度接觸音樂時,雖然不至於完全學不會,但是學習上仍有一定的難度存在。此外,如果小孩在一個群體裡被嚴格禁止和其他人有社交接觸,成年之後,他會發現在社交上出現困難。

從猴子身上的實驗發現,嬰兒時期的隔離不僅會導致成年時期在社交方面的退縮,也會產生對性和父母產生反抗。小猴子在幼年時期和其他小猴子隔離,長大以後,很難融入同齡猴子的遊戲活動中。雖然這些被隔離的小猴子身體

健康、發育良好。牠們還是很難加入其他猴子的嬉鬧遊戲之中，通常只會蜷縮著身體，靜靜躲在遊戲房的角落，用雙手緊緊環抱身體或是遮住眼睛。小猴子長大之後，身體還是一樣健康，對異性還是不感興趣。如果被迫交配，被隔離的母猴和正常猴子一樣會生下小猴，但是當小猴爬上牠的身體時，牠會覺得小猴是爬在身上的大型寄生物，會攻擊小猴，趕走牠，不然就是殺死或完全忽略小猴。

從小黑猩猩所做類似實驗所得到結果顯示，如果讓黑猩猩有較長的重建時期和特殊的照顧，或多或少可以彌補這種在行為上所造成的傷害。不過，對於隔離所造成的危險性再怎麼高估也不為過。以人類來說，受到過度保護的小孩，成長之後在大人的社交接觸會蒙受其害；這對獨生子女來說更是嚴重，缺乏兄弟姊妹讓他們在童年初期就處於不利的地位。如果他們沒有經歷過遊戲團體打打鬧鬧的社交影響，他們會一直害怕見到別人，在日後的生活裡封閉自己，無法或是很難找到性伴侶，就算日後當了父母，也不會是稱職的爸媽。

因此，很明顯的，撫養過程有兩個不同的階段：早期內向的階段和後期的外向階段；兩者都很重要。透過對猴子行為的研究，我們可以得到不少收穫。早期內向的階段，小猴子受到母猴的關愛、獎勵和保護，讓牠有安全感。長大後接受鼓勵去和其他年輕猴子進行社交性接觸，讓牠變得更外向。母猴對小猴的付出開始減少，保護措施也只在小猴子發出嚴重求救信號、外界的危險威脅到社群時才有所行動。 如果不是危險狀況，而小猴子不斷地在母猴毛茸茸、圍裙般的長毛裡爬上爬下時，牠會修理小猴子；小猴子就會意識到自

己已經長大，應該要獨立的事實了。

　　對人類小孩來說，基本上情況相同。不論是在內向或是外向的階段裡，如果父母的處理方式不當，小孩在長大以後會遭受嚴重的後果。如果欠缺是發生在早期的安全感時期，在稍晚的獨立時期裡又再恢復，那麼新的社交接觸並不會太難適應，只是無法維持或有更深一層的接觸。如果在早期能有感受到很大的安全感，但是之後受到過度保護，日後成人期和他人之間的接觸會有極大的困難，會有緊緊依附著舊識的傾向。

　　如果我們仔細看一下不合群裡極端的例子，就可以發現反探索行為最極端、最典型的形式。極端不合群的人可能成為社會上最不活躍的份子，但絕非是身體上不活動的人。他們變得專注在重複的刻板印象。接連幾個小時，他們搖擺或搖晃，或撚動，或抽搐，或勾住，或放鬆自己。他們會吸吮自己的拇指或身體其他部分，刺或戳自己，重複做著奇怪的臉部表情，有節奏地拍轉小型東西。我們大家偶爾都會有這種抽搐的動作，但是對他們而言，這是身體表達的一種主要、持續很久的形式。他們覺得環境深具威脅性，和別人打交道很可怕、很困難。他們透過對自己行為的異常熟稔，來尋求心靈上的舒適與安心。行為有節奏地重複讓人覺得熟悉和有安全感。不合群的人堅守知道愈少愈好的守則，而不是去執行各式各樣的不同活動。對他而言，常言說的「不入虎穴，焉得虎子」，已經被改寫成「不入虎穴，就不會被虎吃掉」。

　　我在前面曾經提過，心跳規律性的節奏有讓人安心的回復特質，也能適用對不合群者的行為。他們很多的形式似乎

是以近乎心跳的速度在運作，就算不是按照這個速度運作，仍然還是會藉由不斷重複來熟悉一切的作為，來達到安撫的功能。資料顯示，社交能力退化的人處在一個陌生的空間時，他們的刻板印象就會增加。這和我們上面的觀點一致。環境愈陌生，對新奇事物的懼怕感愈提高，需要有更多的安撫措施才能抵消這種懼怕感。

刻板的動作重複得愈多，看起來就會像是刻意創造的人工媽媽心跳，這種「親切」的程度會持續增加，一直到變得無法回復為止。就算造成這種極端的害怕新知的感覺可以被除去（雖然這很難辦到），這個刻板印象還是會不斷出現。

誠如我所言，適應社會的人也常有「抽搐」的動作。通常發作在有壓力的情況下，但是也有安撫的作用。以下是我們熟知的跡象：行政人員在等待一通重要的電話時，會拍打他的書桌；在醫師候診室裡的女人會不時抓緊、鬆開她的手提袋；難為情的小孩會左右搖晃他的身體；產房外的父親會來回踱步；考試中的學生會咬鉛筆；著急的官員會撚他的八字鬍。如果適可而止，這些小的反探索動作都有助於舒緩情緒。這些動作能幫助我們度過期待中過多新奇事物出現。但是，如果做得太過分，這些動作就會變得不可回復和過度迷戀，之後就算沒有在期待什麼，這些動作還是會一再出現。

前述的重複動作通常會在非常無聊時突然出現。我們可以從動物園裡的動物和人們身上找到這些現象，有時候比例高到驚人。圈養的動物只要有機會仍有社交性接觸，只是牠們都被關在籠子裡，沒有機會接觸到其他動物。這和社交退縮裡的情形差不多。動物園裡的環境被柵欄限制，阻隔了圈養動物的社交接觸，並且迫使牠們進入社交退卻的情況。

　　對社交隔離的個體而言，籠子的柵欄是一個堅固、身體上等同心理上的隔離。這些柵欄構築成一個強大、反探索的構造，讓探索成為空談，動物園裡的圈養動物開始用唯一可能的方法來表達自己，於是牠創造出一些規律地重複動作。我們都對圈養動物在籠子裡重複地來回踱步十分熟悉，但這只是許多常見的奇怪形式之一而已。有時隨機的自慰，有時間接的套弄陽具；動物（通常是猴子）把自慰的動作在手和臂膀之間來回套弄，而沒有真正接觸到陽具。某些母猴不斷地吸吮自己的奶頭。小幼獸吸自己的爪。黑猩猩也會用稻草刺激自己的耳朵。大象一連幾個小時不停的點頭。某些動物會不斷地咬自己，或拉扯自己的毛髮。有時還會有嚴重的自殘現象。部分這些現象發生在遭受到壓力的情況下，但許多時候是因為無聊。

　　當環境條件穩定時，探索的衝動就會停止。光憑這些不合群動物一再重複的動作，並無法確定到底什麼原因造成這些行為；很可能是因為無聊，也可能是因為壓力。如果是因為壓力，那麼直覺的可以認定是因為環境的關係，或者是因為來自一個不正常成長過程的長期現象。我們只要做一些簡單的實驗，便可以得到答案。當籠子裡有一個奇怪的東西出現時，如果這些反覆的動作不見了，而開始產生探索行為，那麼很顯然是因為無聊所引起的。然而，如果這些重複性動作開始增加，那麼是因為壓力所引起的。如果在放入其他同種動物，試圖營造一個正常的環境之後，重複動作還在持續，就可確定原先在籠子裡的動物在童年時經歷過不正常的獨處。

　　這些發生在動物園裡的光怪陸離事件，在人類世界也有

例可循（或許是因為我們把動物園設計得太像我們居住的城市）。這對我們應該是一個教訓，提醒我們，在喜好新知和懼怕新知之間取得良好的平衡，是一件非常重要的事。如果無法取得平衡，我們就無法正常運作。我們的神經系統會發揮它最大的功能，最後的結果只是對我們真正行為潛力的拙劣模仿罷了。

第五章
鬥爭

靈長類動物的攻擊一般有兩種基本形式:一、在社會階級
制度裡建立自己的統治地位;二、建立屬於自己的領土
權。但裸猿卻有第三種:需要護衛屬於自己家族的住地。
檢視裸猿與其他動物的不同,便能更進一步清楚了解人類
爭鬥行為的目的與為何進化到這種模式。

想要了解我們侵略性衝動的本性，必須在我們動物起源的背景下觀察，身為一個物種，我們現在一心想著如何大量生產和大規模破壞的暴力，這會讓我們在討論一個主題時，失去應有的客觀性。事實上，談論到壓抑攻擊行為的急迫性時，就連頭腦最冷靜的知識分子也常常會有猛烈的攻擊行為。這並不稀奇。說得好聽一點，我們身處混亂之中，並且很有可能在二十世紀末，就已經自我毀滅了。唯一令人感到欣慰的是，身為一個物種，我們曾經有過一段美好的時光；就一個物種的生命週期來說，這段時間並不算長，卻是一段令人驚奇、充滿波折的旅程。在查探自己離奇完美的攻防技巧之前，我們必須先看看，在沒有長矛、槍械和炸彈的世界中，動物暴力的基本天性是什麼。

動物之間的爭鬥，只為了一、二個正當的理由：不是在社會階級制度裡建立自己的統治地位，就是在一個特殊的地盤裡，建立屬於自己的領土權。某些動物只有階級制度，沒有固定的勢力範圍。相反的，還有某些動物是有領地範圍，但是沒有階級問題。某些動物在牠們自己的領地上有階級劃分，所以必須和兩種不同形式的攻擊行為互相抗衡。我們人類就是最後這種形式的群體，擁有兩種攻擊形式。我們身為哺乳類動物，具有階級系統，這是哺乳類動物的基本生活方式。一群不斷搬家、很少待在一個固定地方，建立固定領地

的動物。族群內偶爾會有衝突發生，只是衝突的組織不大、事件零星發生，對一般猴子來說，在生活上相對較不重要。但是，「啄序」（會這麼稱呼，因為最先是在雞群中發現有尊卑等級分明的現象。比較強壯、等級較高的雞隻，可以肆無忌憚啄著位階較低的，而不會遭到對方的反抗或報復）在牠時時刻刻、日復一日的生活裡都有很重大的意義。

在大部分猿猴族群裡，都有一個嚴格社會階級制度存在，有一隻居主導地位的雄性，統治整個族群，其他猴子在牠的位階之下，以不同隸屬程度排列。當猴王因為太老或太虛弱，而無法維持牠的統治地位時，牠會被年輕力壯的猴子推翻；青年猴接收領地成為新的統治者（有時候篡奪者還真的長出了披風——一圈長毛狀的斗篷）。只要整群猴子隨時隨地聚在一起，牠的專制獨裁角色就會持續下去。儘管如此，牠一直都是猴群裡長得最好、打理得最乾淨俐落，最性感的一員。

並非所有靈長類動物在自己的社會組織裡都有暴力、獨裁的傾向，總是會有一位專制統治者的存在，但有時候牠也會有和藹可親、有肚量的一面，比如以大猩猩為例；牠會和地位較低的大猩猩們共有雌性，進食時很慷慨，只有在不能分享的事物上，或有其他大猩猩有挑戰牠地位的跡象，或是其他成員間不可收拾的打鬥出現時，牠才會出面顯示威權。

這個基本的行為系統，在裸猿變成居有定所的狩獵猿之後，很明顯地需要有所改變。和性行為一樣，典型的靈長類動物系統必須要修正，以便配合牠新的肉食者角色。牠們必須要有勢力範圍，要捍衛自己的固定區域。因為狩獵的合作本性，所以要大家一起而不是各自獨立來保衛家園。在靈長

類動物群體裡的統治階級系統，必須要做相當程度的修正，來確保在外出狩獵時，較弱小成員間的充分合作。但是，這個制度又不能被完全廢除。如果需要拿定主意，就必須要有一個輕度的階級制度，這個制度除了有一個最高地位的領導者之外，還要有一些較為強大的成員，即使這位領導者被迫採取比他全身長毛、居於林中的祖先有更多對下屬感受的考量。

　　除了護衛領地的群體行為和階級組織之外，幼年期的加長，讓我們被迫採用固定配偶的家庭制度，這是另外一種獨立自主的要求。身為一家之長的男性，必須要護衛在日常活動範圍內屬於自己家的住地。一般而言，靈長類動物的攻擊有兩種基本形式，而人類則有三種；雖然我們的社會非常複雜，在我們付出了代價以後，這三種形式至今還是很明顯。

　　這些攻擊行為如何進行？又包括哪些行為模式？我們又是如何互相恐嚇？我們又要再度從檢視其他動物來尋求解答。

　　當哺乳類動物被激怒出擊時，身體內部會產生許多生理上的變化，透過自主神經系統的反應，全身必須隨時準備好動作。自主神經系統包括兩個截然不同、互相抗衡的子系統──交感神經系統和副交感神經系統。交感神經系統是讓身體隨時準備好應付激烈的活動，副交感神經系統則是讓身體保留和恢復體力。當交感神經系統說「你被迫要行動，趕快動手」時，副交感神經系統則會說「別緊張，放輕鬆，省省你的力氣吧」。在一般情況下，身體會同時傾聽這兩種聲音，並維持一個完美的平衡；只是受到強烈挑釁行為的影響，它只會接收來自交感神經的訊息。一旦交感神經受到刺

激之後，大量的腎上腺素進到血液裡，強烈影響整個循環系統：心臟跳得更快，血液從皮膚和內臟進入肌肉和大腦；血壓會上升，紅血球產生的速度加快，血液凝固的速度加快；此外，食物的消化和儲存過程會暫時停止。口水的分泌會受到抑制；胃部的蠕動、胃液的分泌和腸的蠕動也都全部受到抑制；還有，直腸和膀胱也不像平常一樣容易排空；肝臟所儲存的碳水化合物也被大量的分解，使血液裡葡萄糖的含量大量增加，呼吸動作大大地增加，變得更急促，呼吸深度加大；體溫的調節機制也開始啟動；汗毛豎起，汗水淋漓。

　　以上這些所有的改變都是為了讓動物為戰鬥做好準備，就像是魔法般的神奇，他們馬上變得精神抖擻，全身充滿活力面對即將來臨的生存鬥爭。血液流向最需要的地方——讓大腦可以思考敏捷、讓肌肉可以激烈回應。血液中血糖含量的增加，增加肌肉效能。血液凝結時間的縮短，意味著任何因為外傷所造成失血現象的傷口，血塊可以快速凝結，減少血液的損失。脾臟加速釋放紅血球細胞，加上血液循環速率的加快，讓循環系統能增加對氧氣吸收和二氧化碳排除的速度。豎起的汗毛讓皮膚完全接觸到空氣，協助身體降低體溫。汗腺排出大量的汗水也有散熱的功能。這些動作能降低因為激烈運動所產生的身體過熱的危險。

　　當身體所有重要的系統開始動作之後，動物就做好攻擊的準備了。不過還有一個小小的問題，分出勝負的戰鬥，雖然能贏得寶貴的勝利，只是獲勝的一方有時候也會受到嚴重的傷害。對手在挑起攻擊的同時，內心也會感到害怕。攻擊讓動物向前，懼怕讓動物退縮。因此，在內心有一個激烈的衝突狀態存在。動物被激起戰鬥時，並不會馬上發出全力一

擊,而是先發出要展開攻擊的威脅。此時,內心其實還在猶疑不決,繃緊神經準備攻擊,只是還沒打算要開始進攻。在這個情況下,如果牠對對手產生足夠的威脅,讓對手逃之夭夭,那就會是很完美的結局。誰說勝利一定要伴隨著流血事件?如果能在不傷害對手的情況下,順利解決爭執,雙方都可以在過程中受益良多。

在複雜的動物生活形式中,有一個朝儀式化戰鬥進行的傾向。威脅和反威脅大量取代了真正肢體上的戰鬥。當然,不時還是會發生頭破血流的戰鬥,只不過這是最後的手段,只有在攻擊和反攻擊的信號無法解決紛爭時,才會走到這一步。我在前面提到生理上的改變,所顯示向外所表達的信號強度,是在向對手表示動物本身準備發起攻擊的強度如何。

從行為學的角度來看,這一招還挺有效的。只是從生理學的角度,它還是製造了一個問題。身體上已經準備好應付繁瑣的工作,但是預期的勞動並沒有付諸實現。自主神經系統要如何處理這個狀況?它已經命令部隊開拔到達前線,隨時準備開戰;只是他們才剛出現,就已經贏得勝利了,這到底是什麼情況?

如果在交感神經系統被大量激活以後,馬上發生肢體上的戰鬥,身體所有的準備都可以派上用場;能量會被消耗,使得副交感神經系統功能再次出現,讓身體逐漸恢復到生理上的平靜狀態。但是在攻擊和懼怕兩種衝突的激烈心態下,所有生理活動都被暫停;結果就是副交感神經系統瘋狂反擊,自主神經系統瘋狂地來回擺動,就在這威脅和反威脅來回交替的緊張時刻裡,我們看到交感和副交感神經系統的活動間隔發生:口渴之後導致大量唾液的分泌;腸的緊縮受到

解放，導致突然排便；被用力憋在膀胱裡的尿液，像洪水一般宣洩出來；皮膚表層流失的血液被大量送回，使極度蒼白的膚色轉換成強烈的潮紅和泛紅；又深又急的呼吸明顯被打斷，變成喘氣和嘆息；這是副交感神經系統竭力想要和交感神經系統過度興奮互相抗衡的跡象。在正常情況下，兩個反方向的強烈反應是不可能同時並存的，但是在極端的攻擊威脅條件下，所有事情都會暫時失去協調。（這可以說明，為什麼人受到極端驚嚇時會昏厥過去；在這種情況下，流向大腦的血液又快速且大量地流出，讓人瞬間失去知覺）。就威脅信號系統而言，這種生理上的動盪是一種天賦，它提供了更多信號的來源。

　　在演化過程中，建立了心情信號，並且以許多不同的方式變得更精細。許多哺乳類動物利用大小便來做為陸地上重要的氣味標記。最常見的例子是，家犬以抬腿尿尿的方式標記牠們的地盤，在遇到競爭者威脅時，會增加這種動作的頻率。（我們居住城市的街道有很多這種促使家犬尿尿的刺激，因為不同狗之間有太多的領地重疊存在，為了競爭領地，每條狗不得不加強領地內的氣味。）有些動物還有過度糞便的手段；河馬有一條特殊扁平的尾巴，在排便的過程中會快速的來回擺動；就像是透過扇子把糞便拋出，這樣糞便就可以散布到很大的區域。許多動物長有所謂的肛門腺，可以把屬於個人的強烈氣味混入糞便中。

　　血液循環的變動使皮膚產生極度的蒼白或激烈的潮紅，這些變化在許多動物臉部或臀部形成裸露的斑塊，成為特殊的信號。呼吸紊亂所產生的喘息和嘶嘶聲，被巧妙地轉變為

呼嚕聲、咆哮聲和其他代表攻擊的聲音。有人認為這能解釋聲音信號所構成溝通系統起源的原因。

另外一個也是來自呼吸紊亂所造成的基本趨勢是，膨脹展示的演化。許多動物在遭受威脅時，會透過身體特化的氣囊或是小袋把身體鼓起。（這在鳥類裡更是常見，牠們的呼吸系統本來就有一些氣囊狀的基本構造。）帶有攻擊意味的汗毛豎起，產生了某些特殊的區域，例如：雞冠、頸毛、鬃毛和瀏海；這些毛髮和其他區域性的毛髮區長得非常引人注目。這些地區的毛髮都長得很長、很僵硬，毛髮的顏色有很大變化，和周邊皮毛形成強烈的對比。當受到刺激產生攻擊行為時毛髮會豎起，使動物看起來更大隻、更可怕，同時展示的斑塊區域也變得更大。

攻擊的流汗行為也變成是另一種味道信息的來源。在很多情況下，有特殊的演化趨勢朝這個方向演進；某些汗腺已經被擴大成為複雜的腺體，在許多動物的臉部、腳部、尾巴和身體各個部位都能找到這些腺體。

以上所做的這些改進，讓動物的溝通系統更多樣化，使牠們的情緒語言變得細膩、更能傳達資訊；也讓被挑釁的動物能更精確、更清楚地表達威脅的行為。但這只是部分的故事而已，我們考慮的僅僅只是自主神經系統的信號而已。除了以上所提到的之外，另外還有一系列其他的信號可供利用，這些都是來自發出威脅信號動物在緊張時肌肉的動作和姿勢。

自主神經的主要功能是讓身體隨時準備好應付肌肉的動作，只是肌肉接受到命令之後，會做出什麼反應呢？肌肉先是緊繃，準備猛烈的進攻，但是戰鬥並沒有發生；這個狀況

最後的結果是一系列攻擊意圖的移動、矛盾的動作和衝突的姿勢。

攻擊和逃命的衝動使身體弓步向前，後退，向旁邊扭曲，蹲下身子，一躍而起，向前一步，向旁傾斜。一旦攻擊的衝動佔了上風，逃跑的衝動馬上會下令取消攻擊，每一步撤退的動作都受到前進的檢驗才能通過。在演化的過程中，這種焦慮行為被轉換成威脅恫嚇的特殊姿態。這種意向的動作被格式化了，矛盾的衝擊被形式化成有節奏的扭曲和搖動。至此，已經發展完成一套有關攻擊信號的全新方案。

於是，我們可以從許多動物身上看到設計精密的威脅儀式和戰鬥的舞蹈；較量的動物以典型的生硬動作互相環繞、轉圈；身體緊繃、僵硬；牠們會彎腰、點頭、搖晃身體、顫抖、規律地晃來晃去、短距離來回跑步；用爪子刨地、彎著背、低著頭；所有這些有意向的動作，都代表著重要的溝通信號。和自主神經信號有效率地結合，精準地描繪出攻擊衝動的強度，也精準地標記出攻擊衝動和逃亡衝動間的平衡。

只是，問題還沒有結束，還有另一種特殊信息重要來源，從一個被歸類在行為範疇，叫做「取代動作」所產生的。強烈的內部衝突其中的一個副作用是，動物有時候奇怪和看似不相關的行為；好像這個因為身體緊張，導致身體僵硬的生物無法去做牠真正想要去做的事情，所以只好找一個完全無關的活動，替他體內被壓抑的能量找一個出口宣洩。牠逃亡的衝動阻礙了攻擊的衝動，反過來說，攻擊的衝動也會壓抑逃走的衝動；所以牠以其他方式來發洩情緒。勁敵之間會看到突然先有奇怪、不自然、不完整的進食動作，之後

會立即回復到完全的威脅姿態，或者牠們會抓搔，或是整理自己的身體，在此之間也會穿插典型的威脅手段。某些動物會有替代性的築巢動作，從所處環境附近撿取可以作為建造巢穴的材料，並且把它們丟在假想的巢穴裡。還有一些動物享受「即時睡眠」，暫時把頭掖成一個打盹的位置，打打哈欠或伸伸懶腰。

有關這種取代性的活動，存在很多的爭議；有人說無法以客觀的方式判斷這些活動的相關性。如果動物在進食，那代表牠肚子餓了；如果牠在抓身體，表示牠身體癢。有人強調要證明發出威脅信號的動物，在出現所謂取代性進食動作時，其實牠是不餓的；或是在抓身體時，其實牠並不覺得身體癢。但是，這些都是不切實際的批評。凡是實際觀察、研究過多種動物攻擊行為的人都知道，這些批評很明顯不合理。在這些緊張和戲劇性時刻裡，認為較量者會因為想要吃東西、想要抓癢或是要打個盹而暫停（哪怕只是一下下），是很荒謬的言論。

儘管學術上對於在取代的活動過程中的因果機制還存有爭議，但有一件事卻是很明確的：從功能的角度來看，取代的活動為寶貴的威脅信號演化提供了更多的選擇。很多動物把取代性活動擴大，讓自己看起來更顯眼、更炫麗。

自主神經系統的信號、意向的移動、矛盾的姿勢和取代的活動，都變成例行公事，加總起來為動物提供了一整套的威脅信號。在大多數的衝突裡，不需要動武就能解決彼此之間的爭議。只是如果這一套信號系統失敗了；比如，通常在過度擁擠的情況下，緊接著會發生真正的爭鬥，威脅的信號會被野蠻的肢體攻擊所取代。那麼，牙齒會用來咬、砍、

刺，頭和角被用來撞、戳，身體用來衝、撞和推，腳被用來抓、踢和重擊，手被用來抓和擠，有時候也會用尾巴鞭打、揮動；即使有以上諸多動作，把對手打死的情況卻極為少見。某些動物身上雖然演化出特殊的獵殺技巧，卻很少用來對付同類。（有時候也會不小心犯下嚴重的錯誤，在獵物攻擊行為和同類的攻擊活動之間的認定關係上，做了錯誤的假設，這兩種行為彼此間在動機和表現上都有很大的不同。）只要對手被完全壓制，牠就不會再構成威脅，因此可以被忽略。沒有必要在已經屈服的對手身上白費力氣，就讓牠偷偷溜走，用不著再傷害或迫害牠。

在把以上這些好戰的活動和人類的行為一起考量之前，動物攻擊行為還有另外一方面需要調查。牠和輸家的行為有關。當輸家的地位變得岌岌可危時，首先要做的就是儘速逃離現場，但並不是每次都能如願。在牠的逃脫路徑上可能有實際上的障礙存在，或者如果牠是緊密結合社群裡的一員，牠必須要待在贏家的掌控範圍之內；不管是以上哪一種情況，牠必須要很明確地讓贏家知道牠不會再構成威脅，而且牠也無意再繼續戰鬥下去。如果輸家等到重傷或是筋疲力盡時才要離開，贏家會很明顯感受得出來，然後離開，不再騷擾輸家。如果牠能在情況惡化到不可收拾之前，先發出信號讓贏家知道牠已經接受被打敗的事實，牠就能免除遭受更進一步傷害的懲處。這些都是靠屈服的展示來達成目的，可以安撫攻擊者，很快地降低牠的攻擊行為，加速糾紛的平息。

這些屈服的信息，以好幾種不同的方式表示；基本上可分為兩種：第一種是把引起攻擊的信號關掉，而第二種則是把其他明顯、無攻擊意圖的信號打開。第一種信號的目的在

於讓佔優勢的個體平息怒氣。第二種信號可以積極地改變佔上風者的情緒。最簡單的屈服形式就是，完全不動。因為攻擊時牽涉到大幅度的動作，靜止的姿勢自動宣示和平。靜止時，還會伴隨著蹲下和畏縮的姿勢。攻擊時會儘量讓身體看起來很龐大，蹲下則讓自己看起來更不起眼，所以能緩和對方的情緒。背對攻擊者擺出和正面攻擊相反的姿勢，也可以避免更進一步的衝突。還有一些不帶有威脅性的姿勢也很有用，比如在某種特殊的動物裡，低頭代表攻擊，那麼抬頭就是很有用的妥協姿態。如果攻擊者豎起牠的毛髮，那麼把毛髮收起來就是屈服的手段。在某些少見的情況下，輸家會以把身體脆弱的部分朝向贏家來顯示認輸；例如：黑猩猩會伸出一隻手作為屈服的姿勢，這很可能會讓牠脆弱的手部受到對手嚴重的咬傷。因為帶有攻擊意圖的黑猩猩絕對不會有這種動作出現，這種哀求的姿勢被當作是對佔上風者的讓步。

第二種妥協的信號用來作為再度誘發攻擊者反應的一種手段，臣服者送出信號刺激佔上風者發出不具攻擊性的反應，當攻擊者體內充滿這種反應時，牠的攻擊衝動就會被壓抑、減弱。

最主要可以分成三種方式來進行；其中一種普遍的方式就是採用幼獸的乞食姿態，較為弱小的個體以幼獸蹲下和乞食的方式向優勢個體表達臣服，這是一種很典型的方式——很常出現在雌性遭受到雄性攻擊時；這一招通常都很管用，雄性會從胃裡吐出一些食物給雌性吃，雌性會把食物吃完，讓這個乞食儀式告一段落。於是，雄性在一個充滿父愛和保護的心情下，失去牠的攻擊性，和雌性一起平靜下來。在許多動物裡這是求偶進食的基礎，尤其是鳥類，牠們

在配對形成初期，雄性會展現出許多攻擊性行為。

另一種抑制攻擊性行為是，較弱小動物顯示出雌性交配的姿勢。這種姿勢和性別無關，也和是否處在發情期無關，就是突然間把雌性臀部朝向對方的姿勢表現出來。當牠對攻擊者保持這種姿勢，會讓刺激對方的性反應，而降低了攻擊的情緒。在這種情況下，佔有優勢的個體會跳上展示者身上做假交配，這和雙方是什麼性別或是否為異性都沒有絕對關係。

第三種形式發生在到底是弱者給強者整理毛髮，或是強者幫弱者整理毛髮。在動物界有許多群體的或是相互的整理毛髮行為，這和社群裡安靜、平和的氣氛有很大的關係。弱勢者會請求強勢者幫牠梳理毛髮，或者發出信號請求讓牠自己梳理毛髮。猴群就是一個最明顯的例子，還有特殊的臉部表情配合，這包括快速地把嘴唇咂在一起，這是一種從普通梳毛儀式的修正版。當猴子在替對方梳毛時，會一再地把皮屑和其他碎屑吃掉，邊吃邊發出聲音。在發出誇張的咂嘴動作，並加快動作，代表著牠已經準備好要完成職責；一再重複這個動作降低攻擊者的攻擊性，要牠放輕鬆接受整理毛髮。經過一段時間之後，強者被這個動作給完全安撫住了，弱者也可以悄悄地全身而退。

這些都是動物們對攻擊行為所安排的儀式和手段。有句話說「自然界是殘酷的」，本來說的是動物界裡肉食動物殘酷的獵殺活動，但也有人把它籠統地誤用在所有動物打鬥的行為之中，但事實並非是如此。如果物種想要生存下來，絕對不能自相殘殺。物種內的攻擊行為要被禁止、克制。隨著誅殺獵物的武器越是強大、殘暴，較為強大個體必須要能在

和同胞對手產生紛爭時，克制武器的使用。就領地和階級紛爭而言，這就是所謂的「叢林法則」。凡是無法遵循這個法則的物種，都早就已經滅絕了。

人類要怎樣才能符合這個情況？我們有什麼特殊的威脅和安撫的信號？我們的打鬥方式有哪些？要如何控制？

攻擊的衝動在我們身上所產生的生理動盪、肌肉緊張和心情上的焦慮，和前面所說發生在其他動物的情況是完全一樣的。和其他動物一樣，我們也會有一系列的取代性活動。我們在把基本反應轉變成強而有力的信號方面，還不如某些動物；例如，我們無法以豎起毛髮的方式來恐嚇對手。雖然在受到很大驚嚇的情況下，我們會毛骨悚然，但做為恐嚇的信號，這一點用處也沒有。除此之外，在其他方面我們表現得比其他動物更好。

雖然裸露的皮膚讓我們在豎立汗毛方面沒什麼建樹，卻讓我們的膚色在漲紅和變蒼白上能發送強烈的信息。我們可以氣到臉色發白、漲紅了臉，嚇得臉色蒼白。

在這裡我們要特別留意白色，這代表一個活動；如果它和其他信號結合，就意味著攻擊，這個時候就是一個危險的信號。

如果白色和其他代表害怕的信號結合，又會成為一個驚恐的信息。這是由代表著「向前衝」的交感神經系統興奮時所引起的，千萬不能等閒視之。

反過來說，比較不用擔心臉孔的漲紅，這是因為副交感神經系統為了平衡交感神經系統反應所做出的反應，代表著前進的衝動已經被削弱了。相較於臉色蒼白、緊閉雙唇的對手，站在你面前怒氣沖沖、漲紅著臉的對手攻擊你的可能性

小得多。漲紅著臉代表著他在盡力壓抑自己的情緒，而臉色蒼白則表示他隨時都會採取行動；雖然兩種情況都不好惹，除非立即受到安撫、解除威脅，否則臉色蒼白者很有可能會跳起展開攻擊行動。

在相同情況下，急促的深呼吸代表危險信號，只是在轉變為不規律的鼻息聲和咯咯聲時，便比較不具威脅性。同樣的關係也存在於攻擊初期時會有口乾舌燥的現象，和強烈攻擊受到阻礙時的唾液分泌。經歷巨大衝擊和緊張之後，通常會出現大小便失禁和昏厥的現象。

當攻擊和逃亡兩種衝動同時強烈地存在，我們會有一些典型的意向移動和矛盾的姿態。最常見的是舉起握緊的拳頭，這種姿勢已經被儀式化成兩種方式。這個動作出現在離對手有相當距離時，這個距離足以讓真正的一擊不致發生；所以做這個動作真正的目的不再只是呆板動作，而是變成一個視覺上的信號。（在共產主義裡，前臂彎曲、朝向側面，現在是典型的挑釁姿勢）。再加上前臂的顯著來回擺動，它又進一步儀式化了。像這樣搖晃拳頭也是視覺信號的意味勝過實體的動作，我們仍然是在安全距離裡，規律地重複拳頭的揮打動作。

在做這些揮打動作的同時，身體會短暫向前移動，本身也會不斷約束自己，不會做得太過分。腳會用力踏地，發出巨大聲響，拳頭向下重擊身邊任何的物體，這個動作在其他動物身上也很常見，被認為有變更方向的活動。在這情況下，因為對手所挑起的攻擊太可怕了，無法直接反擊。已經有了反擊的行動，卻必須改變對象，朝其他威脅性較小的標

的，比如說旁觀者（我們都有曾經因此而遭殃的經驗），或是無生命的東西來發洩。在後者的情況下，東西會遭惡意摧殘或毀滅。當妻子把花瓶砸在地上摔得粉碎，其實意味的是她丈夫腦袋被摔破、肝腦塗地的寫照。有趣的是，人猿和黑猩猩常常演出屬於自己風格的類似戲碼，當牠們撕裂、摔碎、或亂丟樹枝和植物時，都有強烈的視覺衝擊。

攻擊行為還會搭配特殊且重要的臉部威脅的表情，這個表情結合語言信號，可以精確表達我們的攻擊情緒。在前面的章節裡，我們曾經提到笑臉是人類獨特的表情特徵。我們富於表情的臉龐帶有攻擊意味，卻和其他複雜靈長類動物大同小異。（我們馬上就能分辨出一隻憤怒的猴子和受到驚嚇的猴子，但是得要慢慢地觀察，才能從臉部的表情判斷牠是不是一隻友善的猴子。）其實這個規則很簡單：如果攻擊的衝動勝過逃跑的衝動，猴子的臉部就會向前突出。相反的，猴子愈害怕，臉部就會愈縮回。在有攻擊衝動的臉上，眉毛會向前皺起，前額平滑，嘴角向前突出，嘴唇緊閉成一條直線。如果懼怕心理佔了上風，臉部會出現害怕、受到威脅的表情，眉毛揚起、前額有皺紋，嘴角回縮，嘴唇張開、露出牙齒；這種臉部表情通常都伴隨著其他帶有強烈攻擊意味的姿勢。而且前額出現皺紋和露出牙齒有時，被認為是憤怒的信號。事實上，它們是懼怕的信號，猴子臉上的表情提供了早期的警告信號，說明心中其實是非常害怕的，雖然身體其他部分還是表現出恐嚇的姿勢。話雖如此，它還是一個威脅的表情，千萬不可掉以輕心。如果牠臉上露出十分害怕的表情，臉部不再後縮，對手也會撤退。

如果有一天我們有機會和一隻大狒狒面對面遭遇，有

件事情千萬要記住，我們和猴子有同樣的臉部表情。除此之外，我們在自己獨特文化條件下，也創造了屬於自己的表情，例如：吐舌頭、鼓起腮幫子、以拇指碰碰鼻子，誇張地扭曲容貌，以上的動作都大幅增加我們臉部威脅的表情。

大部分的文化運用身體其他部分來表現許多威脅和侮辱的姿勢，帶有攻擊意向的移動（暴跳如雷）已經被淬煉成許多不同、高度風格化、有暴力傾向的戰鬥舞。戰鬥舞的主要功能在於鼓舞群體、讓強烈的進攻情緒同步化，而不是向敵人做直接的展示。

文化的發展造就了致命武器的發展，讓我們成為有潛在危險的物種，因此我們同時具有非常多樣化的安撫信號，也是理所當然的事。我們和其他靈長類動物同樣具有基本蹲低和尖叫的屈服反應。此外，我們也有許多制式化的屈服展示。蹲低被延伸為卑躬屈膝和叩頭，強度較低的動作則有下跪、彎腰和屈膝等形式；這些動作最主要想表達的信息是，把身體的高度低於占優勢者。威脅別人時，我們會把自己膨脹到極限，讓身體看起來很高大。而屈服的姿勢就必須要反其道而行，盡量放低身段。我們不是隨隨便便地擺低姿態，而是把一些動作制度化成具有特色、出現在固定階段的動作，每一個動作都有它自己特殊的信號含意。

在這方面，敬禮是個很有意思的動作；因為它說明了原始姿勢經過形式化後，在傳遞文化信息時，究竟會偏離原意多遠？乍看之下，軍禮像是一個攻擊動作──舉起手臂、動手打人；最主要的差別是手部沒有握拳，而且是指向帽子。這個動作當然是從脫帽經過風格化修飾後而來，而脫帽原來

的意思是降低身體高度的部分過程。

靈長類動物原來簡單的蹲下動作，經過提升變成彎腰，也是很有趣的過程，最主要的特點是，降低了眼睛的位置。眼睛直視互瞪是最典型、徹頭徹尾的攻擊行為。這是臉部最兇猛的表情之一，還會伴隨一些咄咄逼人的手勢（這也就是小孩有個「瞪到把你嚇倒」的遊戲難度很高的原因，以及為什麼小孩出自好奇心瞪著別人看，會被大人指責為很不禮貌的行為）。不管鞠躬因為社會禮俗而簡化到什麼程度，在行鞠躬禮時，臉部總是保持在下方的位置。舉例來說：宮廷裡的男性隨從，由於不斷的重複動作，所以已經修正他們鞠躬的方式，雖然臉部仍然保持在很低的位置，但是已經不再彎腰，而是從頸部生硬的鞠躬，只把頭部向下彎曲。

在非正式場合裡，我們對有人一直盯著自己看所做出的反應就是，把目光移向他處或是不要和他對看。只有對你有十足攻擊意味的人，才會長時間目不轉睛盯著你看。我們和他人面對面講話時，通常會把目光離開對方臉上，在講完話、或是暫時告一段落時再把目光移回來，看看他對我們所說的話有沒有什麼反應。

一個專業的演講者需要一些時間來訓練自己，才能直視台下的聽眾，而不是看著觀眾頭上、低頭看著講台、或目光飄向演講廳的兩側或是大廳的後面。雖然他是站在一個主導的地位，但是眾多的觀眾人數，所有觀眾都是從自己十分安穩的座位上盯著演講者看，讓演講者感受到來自觀眾們一種基本的、初始的、難以駕馭的恐懼；講者需要經過多次反覆的練習，才能夠克服這種恐懼。這種被一大群人以簡單、帶有攻擊意味、身體的動作來盯著你看，也是造成演員在登台

以前，引起他心裡七上八下的原因。

　　當然，每個演員都有他對於演出品質和觀眾接受度如何的情理上的擔憂，只是這些大量、帶有威脅意味的瞪眼，對他來說是一種更基本的隱憂。（這是另外一個在不知不覺中把好奇的凝視和威脅的瞪眼混淆的例子。）不管是戴上近視或太陽眼鏡都會讓臉上有更多攻擊的意味，因為這有意無意地把瞪眼這個形式變得更大了。如果我們被戴著眼鏡的人盯著看，看起來好像被人張大眼睛盯著。溫和的人通常會選細框或是無框鏡架（可能他自己也不知道為什麼要做這種選擇），因為這種鏡框可以讓他們看得更清楚，同時降低眼睛被誇大的程度。如此一來也可以避免刺激別人的攻擊。

　　另一個強度稍高的反制盯視的方法是以手遮住眼睛，或是把臉埋在彎曲的手肘內。這個簡單的閉眼動作也會阻隔瞪視。有趣的是，有些人在和陌生人交談的時候，會不由自主地眨眼睛；好像他們正常的眨眼反應，延伸為較為長時間、加大的眼罩遮蔽物。這個情況在他們放鬆心情和熟識的朋友交談時，就會消失不見。究竟他們是想要阻隔來自陌生人的威脅，還是想要降低凝視的速率，或兩者都是，至今我們仍無法得知真正的意圖。

　　由於凝視能達到很強烈的恐嚇效果，許多動物演化出會盯著人看的眼斑，做為自我防衛的機制。許多蛾類在牠們的翅膀上有一對嚇人的眼斑，這些眼斑平常不容易看見，只有在受到捕食者的攻擊時才會張開翅膀，向敵人公開展示亮麗的眼斑。經實驗證明，這種眼斑對敵人發揮了重要的恐嚇效果，通常能有效的嚇跑捕食者，讓昆蟲不會受到干擾。許多魚類、某些鳥類，甚至有些哺乳動物也都在有意無意之間採

用了這些技巧。

　　汽車頭燈的設計用意也在於模仿兩個眼點的作用，同時把引擎蓋前緣的線條，彎成皺眉狀，來增加整體的攻擊形象。此外，還把兩個「眼點」之間的金屬網罩塑造成呲牙咧嘴的形式。由於道路車多，有愈來愈擁擠的現象，讓駕駛也變得愈來愈有火藥味，車子外表的阻嚇面貌也日益改良、精進，讓駕駛人覺得愈來愈有攻擊意味的形象。在小規模範圍內，某些產品的品牌名稱已經讓人有威脅臉孔的樣子了，比如說像 OXO、OMO、OZO 和 OVO。幸好，汽車製造商的這些作為不但沒有讓消費者因此而卻步，相反地，反而引起了消費者的注意，意味著這些看似帶有威脅意味的名稱，只不過是無傷大雅的紙板箱而已。不過仍產生了某些效應，顧客將注目的焦點放在產品上而不是在對手身上。

　　我在稍早曾經提到黑猩猩以向佔上風者伸出一隻軟弱無力的手，作為安撫對方的動作。我們和黑猩猩也有同樣的手勢，代表著懇求的意味。我把這種姿勢修改、擴大成為代表歡迎、致意的友善握手。友好的姿勢通常是由屈服者所發起的，前面提到這是由微笑和大笑演化出來的（順便說明一下，這兩種反應仍然會在安撫的情況下，以怯笑和竊笑的形式出現）。握手發生在地位大致相等個體的相互致意，但在雙方地位懸殊時，握手禮儀被轉換成彎腰的親手禮（由於男女之間平等階級意識的抬頭，這種親手禮的轉換已經很少見了，只在某些特殊、嚴格保有正式領導階層的圈子還在繼續執行，例如：教會）。在某些場合，握手形式轉變為甩手和搓手。在某些文化裡，這些動作代表的是標準的問候和安撫，在另外一些文化裡，則是意味著極端的哀求。

　　屈服行為在不同文化有許多不同的特性，例如：拳擊賽時丟毛巾或打仗時舉白旗，但是這些文化特性和我們在這裡所要討論的屈服行為無關。不過，有一、兩個比較簡單的誘發動機值得一提，因為它們和其他動物的相似形式之間存在著有趣的關係。

　　你或許還記得動物在遭遇具有攻擊性或有潛在攻擊性的個體時，會有幼稚、性行為和整理毛髮的形式出現，希望能讓對方不具攻擊意味的感覺壓過暴力的傾向，最後克制攻擊衝動。在人類身上，屈服的成人的幼稚行為，在求偶時間特別常見。愛侶之間常常有像嬰兒說話般的口齒不清，這並不是他們準備要為人父母，而是因為這種嬰兒的音調可以激起對方產生像父母親那樣更溫柔、更有保護意圖的感覺，進而壓抑住帶有攻擊性（或更令人害怕）的情緒。我們回想鳥類求偶時的餵食行為，再看看人類在求偶時期不斷增加的互相餵食模式，不禁令人覺得十分有趣。在我們人生的其他階段，再也沒有其他時間會花這麼多的力氣把好吃的東西送進另一個人的嘴巴裡，或是送一盒巧克力給別人。

　　至於把引發動機導入性的方向，不管是在哪裡，這種的情況發生是弱勢者向處於攻擊狀態、而不是真正性興奮狀態的支配者，顯示一般性的示弱姿態。這種情況隨處可見，只是這種弱勢者把雌性代表性暗示的臀部朝向支配者來安撫後者的情緒，隨同原始的性交姿勢，在人類已經不見了。

　　現在人類把屁股朝向別人的情況，只有出現在學童受到處罰時，來自支配者有節奏的抽打代替了向陰部的規律抽送。如果小學老師知道這種把屁股朝著別人，事實上是以前靈長類動物交配姿勢時，不知道他們還會不會堅持要學生擺

出這種姿勢？或許他們還是會打學童們的屁股，只是不會強迫他們一定要採取彎腰、屬於屈服的女性姿勢。（值得注意的是，女學童很少受到打屁股的懲罰，使得打屁股的這個姿勢和動作原來是源自性交動作，更是不言而喻。）

有一位權威曾經提出一個很富有創意的見解，有時候強迫男學童們一定要脫下長褲接受打屁股的懲罰，並不是要讓他們感覺到痛；而是當男性支配者看見男學童們的屁股在受罰的過程中逐漸變得更紅，不禁令人想起雌性靈長類動物在發情時泛紅的陰部景象。

不論這個解釋是不是正確，有一點可以確定的是，用這種特別的儀式來當作是安撫老師怒氣的手段，下場注定很悲慘。這可憐的男學童在這種隱喻性慾的情況下愈是刺激老師，恐怕只會更加延長他受罰的時間；因為規律地向陰部的抽送，已經在形式上被轉換成為有節奏地抽打，這可憐的小男孩最後還是回到受懲處的處境。他本來想要把直接的攻擊轉換為性攻擊，但是他的性攻擊被象徵性地轉換，轉變為攻擊性。

第三種誘發新動機的手段是打扮的行為，這在人類生活裡雖然只是枝節末微，但卻是十分有用。我們通常會以撫摸和輕拍的動作來緩和情緒激動的人，很多社會地位崇高的人會花很多時間讓別人替他們整理儀容，精心打扮。我們留待其他章節再來談論這個話題。

在我們遭受的攻擊過程中，取代的活動也占有一席地位，幾乎在壓力大和緊張的狀況下都會看到。只是，我們和其他動物不同的是，我們並不把自己侷限在典型的取代模式

中,而會利用所有可能瑣碎的動作,作為壓抑情緒的疏通管道。在衝突、激動的情況下,我們可能會重新整理服飾、點燃一根香煙、清理眼鏡、看一眼手錶、為自己倒杯飲料或是吃一小口食物。當然,以上任何這些活動,在正常功能原因下都可能發生,只是在取代的活動的角色裡,它們並不具有這些功能。

這些經過重新排列的服飾,已經充分表現出它們的功能;在緊張時刻所點燃的一根香煙,原本抽得很好,只是一緊張不小心被弄熄了,所以必須要重新再點燃一根香煙。此外,我們在緊張時,抽菸的速率和身體對尼古丁的需求有絕對的關係。一再擦拭的鏡片,其實早已經很乾淨看得很清楚了。上緊發條的手錶,無需再調得更緊。當我們瞄一下手錶時,其實並沒有真正看清楚它的時間。我們吸一口飲料,並不是因為口渴。我們吃一小口食物,並不是因為肚子餓了。我們做這些動作,並不是因為它們通常的補償作用,單純只是因為它們能讓我們緩和一下緊張的情緒。

在社交活動的初期,這些取代的活動發生的頻率很高,因為在這個階段裡有很多潛在的憂懼和攻擊。在晚宴或是任何小型社交場合裡,只要握手和微笑這種有互相安撫作用的儀式過後,緊接著一連串取代的點菸、取代的飲料和取代的食物和點心跟著上場。即使在較大型的娛樂場合裡,例如歌劇院和電影院,在整個事件的流程裡,也會很貼心地在中間穿插一些略事休息的片段,讓觀眾們可以從事一下他們所喜歡的取代的活動。

當身處在更緊張的攻擊時刻,我們會回復到和其他靈長類動物同樣的取代活動;這時宣洩的管道會更帶原始的意

味。黑猩猩在這種情況下會不斷地重複抓癢的動作，這是一種非常特別的行為，不同於因為身體癢而去抓的動作，牠通常只會抓頭部，偶爾抓一抓手臂；這些動作很制式，和我們的行為很相近。我們會有很不自然地取代的整理衣冠的動作出現——抓抓頭、咬指甲、用手掌上下搓洗臉龐，用手捻一捻鬍髭、調整髮型、揉或挖鼻子，用鼻子嗅一嗅或是擤鼻涕，摸耳垂、掏耳朵、摸下巴、舔嘴唇、像洗手般互搓手掌。

仔細研究嚴重衝突時出現的取代活動，可以看到這些活動都是屬於儀式的方式進行，缺乏真正清潔動作時所具有的局部仔細打理。一個人取代的抓頭動作和另一個人的抓頭動作可能有很大的差別；大家沒有相同的抓頭模式，而是每一個人發展出屬於自己個人風格。由於抓頭的真正目的不是為了清潔，所以有些地方抓的比較多，有些地方則會被忽略，這並沒有太大的關係。在小眾群體的社會互動裡，從高頻率的取代式自我打扮活動，就可看出誰是地位較低的成員。在真正的支配者身上，幾乎看不出這些取代的行為活動。如果這一群體裡，表面看起來是支配者，但他卻出現許多細微的取代活動，這意味著他的統治地位正在受到其他人的挑戰和威脅。

我們在討論以上這些攻擊和屈服的行為模式時，曾經假設每個人在相關議題上都是說實話，而且並不會因為要達到某些特殊的目的，故意修改他們的動作。我們的謊言主要是文字，而不在溝通信號。話雖如此，對於這些不是來自語言的謊話也不能完全忽略。我們很難用曾經討論過的行為模式來說謊，但這也並非絕對不可能。就像我前面所提到過的，

當父母用這種行為面對小孩，他們所遭受的挫敗會比想像中嚴重。但成人之間比較在意的是，社會互動時的言詞信息內容，所以用非語言來撒謊，比較容易達到目的。可惜，用行為來撒謊的人，通常都只以部分信號系統裡的某些因素來撒謊，其他沒用到的信號在不知不覺中讓他露出了馬腳。

最成功的行為撒謊者，是那些不會故意去修正某些特殊的信號，而是專注在他們想要傳達信息的基本情緒，其他的細節自然會水到渠成。這一套方法通常在演員這一類的專業撒謊者身上，都能獲得很大的成功。演員們的整個演藝生涯裡，充滿著行為式的謊言，稍有不慎，有時候對他們自己的個人生活也會有很大的傷害。政治家和外交官也需要做很多行為上的謊言，但和演員們不同的是，他們並不是社交上被授權可以說謊的人；因說謊所產生的罪惡感會影響他們的表現。此外，跟演員不同的是，他們沒有經過長期的訓練過程。

即使沒有受過專業訓練，只要稍加努力和仔細研究本書中所提到的事實，仍有可能達到預期的效果。我曾經故意在一、兩個場合裡牛刀小試一番，那是在和警察打交道時，還小有成就。根據我的判斷，如果順從的手勢可以擺平強烈的生物傾向，那麼只要信號使用得當，就可以用人為的手段來控制這個傾向。大部分的駕駛人因為輕微的交通違規事件，被警察攔截時，都會立即表達他們並沒有違規，或是想辦法找藉口為自己的違規行為開脫；這些都是為了防衛他們（汽車）領土的作為，以及將警察當成是領地的競爭對手；但這是最糟糕的行為，會引起警察發動反擊。

反過來說，如果在當下採用的是楚楚可憐、順從的態

度，較容易讓警察產生原諒的念頭。承認因為愚蠢而犯下錯誤，採用低下的態度，讓警察立即處在高高在上的支配地位，讓他很難從高處發動攻擊。你必須要對他當機立斷把你攔下，避免可能發生的悲劇，表示感激與佩服。但是，光靠言語的表達並不足夠，還要配合運用適當的姿勢和手勢，也就是身體姿勢和臉部表情都要明確表現出畏懼和順從。最重要的是，你要馬上下車，離開車子，走向警察；千萬不要等到警察向你走近，否則，你就是讓他離開他的領域，這會讓他覺得受到威脅。你離開車子，會自動削弱自己對領土的掌控權。此外，在汽車裡的坐姿，本質上就是一個支配的位置。

在我們的行為裡，坐定位子的權勢是一個很重要的因素。當國王站立時，沒有人可以坐著；當國王離開座位時，所有人必須起立。

對於攻擊意味站立的一般法則裡所說，順從態度的增加與姿態高度的降低成正比而言，這是一個特別的例外。

當你離開車子時，所宣示的就是，你同時削弱了領土掌控權和象徵支配的座位，讓自己進入示弱狀態，為緊接著的順從動作做好了準備。然而，站起來以後，切忌抬頭挺胸，而是要蹲下身子，稍微低頭、下垂，說話的聲調和所用的言詞一樣重要；同時要注意焦急的臉部表情，避開警察眼睛的視線，還可加入一些取代性的自我整飾動作。

遺憾的是，汽車駕駛人基本上都懷著領土防衛者的攻擊情緒，而且很難掩飾得住這種情緒，必須經過相當時間的練習，或是對非語言、行為的信號知識有充分的了解之後，才能做到。如果你在日常生活中的個人支配地位上並不高，即

使經過精心設計去掩飾，可能還是不會有令人滿意的結果，
不如就乖乖地付罰款吧。

雖然本章是在討論打鬥行為，可是到目前為止，我們只
談到如何避免衝突的方法，當最終情況無法避免一戰之時，
沒有武器的裸猿的行為表現和其他靈長類動物形成一個有趣
的對比；對牠們來說，牙齒是最重要的武器，而我們最重要
的則是雙手。牠們抓住物體，然後用牙齒咬；我們先用手
抓，然後擠壓，或是用緊握的拳頭、用力揮出。在徒手搏鬥
中，只有嬰兒和幼童的主要武器才是用嘴巴咬。當然，這是
因為他們還不會自己製造武器，以及手臂的肌肉也還沒什麼
力量。在現今成人徒手戰鬥的過程中，有一些高度風格化的
形式出現，例如：摔角、柔道和拳擊。但以原始、真正未經
過修正的形式出現的打鬥，已經少之又少了。

一旦爆發嚴重的衝突事件，各式各樣的武器都會加入戰
局；這些原始的武器被用來投擲，或是當成是拳頭武力的延
伸。

在某些特殊情況下，黑猩猩也會用丟或是刺的方式來進
行攻擊。在半圈養的條件下，曾觀察到牠們撿起一根樹枝用
力丟向一隻填充花豹，或是掰開土塊擲向水溝對面的行人。
只是，這些動作在野外族群裡是很少見的，在和同伴起爭執
時，更不會用這些東西去傷害對方。

儘管如此，這倒是替我們指引了一個方向，或許我們
使用武器也是經歷這些過程，最初製造武器的主要功能是，
用來防禦其他物種的攻擊和獵食其他動物。幾乎可以確定的
是，用武器來解決種族內紛爭是後來才發展出來的。不過，

一旦有了武器，只要一發生事端，都會拿出來使用。

　　人所製造出來最簡單的武器是一個堅硬、堅固、沒有加工過的天然木頭或是石塊；把這些物品的外型稍加修飾，讓原先的投擲和打擊功能，加強變成還帶有刺、砍、切和捅的動作。

　　另一種攻擊方法的重大行為趨勢是，加大了敵我之間的距離。也正是這一步，幾乎造成人類的毀滅。

　　長矛可以拉開攻擊的距離，但仍受限於有效範圍。箭的射程較遠，但是缺乏精準度。槍枝把攻擊距離又拉大許多。從天空投下的炸彈，更將攻擊範圍擴大許多。地對地的飛彈，把攻擊者的範圍變得更遠。這些結果讓對手不但被擊敗，而且還屍骨無存。

　　誠如我早先解釋過的，在生物學層次目的上，物種內個體之間互相攻擊的適當行為，是征服，而不是殺死對手。因為對手逃走或投降，而避免最後走到毀滅生命這一步，雙方的攻擊行動就結束，紛爭也已解決。但是，如果攻擊行動是從遠方發起，輸家的順從信息無法傳達給贏家，暴力攻擊就會不斷肆虐。只能靠著面對面的遭遇，才能看到順從的信號或是對手抱頭鼠竄，攻擊行動才會圓滿落幕。現代的攻擊行動，無法看見來自遠方的信息，這個結果導致大規模的屠殺，這在其他動物裡是聞所未聞的。

　　人類特有的合作精神，是助長和唆使這種暴力的元凶。當我們改進了合作關係，並且用在集體狩獵時，並沒有發生問題。但是現在報應在我們身上了，這種強烈的互助衝動很容易被物種內相互攻擊的行為所挑起。狩獵的忠誠變成打鬥的忠誠，因而產生戰事。諷刺的是，正是這種根深柢固的幫

助同儕衝動的演化，讓我們前進，並讓我們結成致命的幫
派、犯罪集團、一夥人和軍隊；缺乏合作精神就不會有向心
力，攻擊行為會變成個人的爭鬥。

　　有人說，因為我們變成了一種特殊的狩獵殺手，所以
自然也會對我們的對手下手，因此有一種本能的衝動促使我
們去殺死對手。我已經解釋得很清楚了，證據並不利於以上
的說法；因為動物要的是擊退對手，而不是謀害對手，攻擊
的終極目標是擁有支配權，而不是毀滅，而且我們和其他動
物基本上在這方面是一致的。我們沒有理由一定要和其他動
物有所不同。然而，事實上是因為遠端攻擊和群體合作被惡
意地組合在一起，讓原先個體為何捲入戰爭的目的變得模糊
不清，他們攻擊的目的與其說是壓制敵人，不如說是支持同
志。這讓他們幾乎沒有機會表現天生、感性的直接安撫特
性；這個不幸的發展趨勢，很可能是導致我們走向快速滅亡
的原因。

　　這個困境很自然地產生許多令我們感到頭痛的問題，一
個大家都可以接受的解決之道就是，一起大規模裁減軍力。
只是如果要有效率裁軍，就必須要走到近乎不可能的極端措
施，確保未來的戰鬥都只會是近距離的戰事，讓自動、直接
的安撫信號能夠再度發揮作用。另外一個解決方案是，消除
不同社群成員的愛國心，只是這會和我們根本生物特質互相
牴觸。聯盟可以從一個方向建立，聯盟也可以從另一個方向
毀滅。社會集團形成的自然傾向，需要身體裡主要遺傳改
變，才能完全根除。只是，這種主要遺傳改變又會造成我們
複雜社會結構的瓦解。

　　第三個解決方案是，提供或促成無害、象徵的戰爭替代

物。只是，如果這些替代物真的無害，那麼它們在解決真正的問題時，只能發揮一小部分的功能。要記住的是，在生物學的層次來看，戰爭是一個群體的領土保衛。從我們人滿為患的觀點來看，戰爭也是一個群體領土的擴增。即使有再多場喧鬧的國際足球賽，也解決不了問題。

第四個解決的方案是，以經過改良的理性來控制攻擊性。有人說，人們自以為是把自己搞到這種地步，是我們應該要發揮智慧，讓我們擺脫困境。不幸的是，就算是保衛領土這種最基本的事，我們較高級的腦中樞也很容易受到較低級腦中樞所驅使。在這方面，理性中樞只能給予我們有限的幫助。這個最後的手段，它是靠不住的。一個簡單的、無理的、情緒化行動，會把所有一切成就化為烏有。

解決這個困境唯一完美的、生物學上的方法是，大量地降低人口數目；或者是很快地把人類運送到其他星球。可能的話，再加上前面所提出的四個方法。我們已經知道，實驗也已經證明，如果人口持續以和現在一樣的恐怖速率增加，無法控制的攻擊行為，也會大量的增多。過度的擁擠會產生社會的壓力和緊張，在我們餓死之前，我們的社會組織就會先被壓力粉碎了。人口密度的增加，會直接影響理性控制的改善，並嚴重加劇情緒爆發的可能性。而唯一的避免方式就是大量的降低生育率，只是還有兩個嚴重的困難存在。

我們在前面已經解釋過，身為育兒場所的家庭，仍然是構成我們社會的最基本單位。演變到現在，家庭已經成為一個生育、保護和培養兒女的進步、複雜系統。如果這個功能嚴重受損或是被暫時去除，會妨礙到配偶形成的模式，而且會造成自己特殊的社會紊亂。另一方面，如果採用選擇性手

段力挽狂瀾，讓某些配偶可以自由生育，某些配偶必須受到
生育限制。如此一來，就會傷害到最基本的社會合作精神。

　　從簡單的數字面來看，它所意味的是，如果族群裡的
成體都結婚、生小孩，而社群要維持在穩定的狀態，那麼每
一對都只能生育兩個小孩。如此一來，就會是一個新個體取
代原來個體的存在；但考慮到族群有一小部分人沒有結婚或
是沒有生育的事實，還有一些因為意外傷害或是其他原因，
未能長大成人；實際上，一個家庭所能容納的個體，可以再
稍微多一些。即使如此，這還是會加重配偶形成制度裡的負
擔。較輕鬆的育兒負擔，意味著必須要把多餘的力氣關注在
其他方面，才能維繫親密的配偶關係。從長遠角度來看，這
種方式還是比讓人透不過氣的人口過度擁擠所造成的風險要
低。

　　總而言之，讓整個世界保持和平的最佳解決方案是，
廣泛地提倡避孕或流產。流產是一種激烈的手段，會造成嚴
重的情緒失控。再則，一個卵細胞一旦受了精、形成受精
卵，他就是社會裡的一個新成員。毀滅這個新成員，事實上
就是一種攻擊行為。而這種攻擊行為，正是我們一直試圖想
要避免的。在這方面，避孕很顯然的是比較可行的方法。反
對避孕的任何宗教團體和其他衛道人士，必須要正視這個事
實──他們正在從事危險的戰爭販子行為。

　　我們既然已經提到宗教方面的問題，那麼不妨繼續討
論人類在其他方面攻擊活動之前，先看看這種奇怪的動物行
為模式。這不是一個容易處理的話題，只是身為動物學家，
我們必須盡力去觀察實際上到底發生什麼事，而不是聽別人
說，然後去推測可能會發生什麼事。

　　經過觀察之後，我們不得不得到一個結論：從行為意識上來說，宗教活動是結合一大群人和一再重複的冗長表演，去安撫一個強勢的個體。這個強勢的個體，在不同文化有不同的形式存在：相同的是，祂擁有強大的力量。有時候，祂會以其他動物的形象，或是以理想化的動物形象出現。有時候，祂會被描述成一位人類智慧的長者，有時候又會變得更抽象，形成一個簡單的狀態，或是其他相類似的形象。對祂表示順從的反應，包括閉上雙眼、低下頭、雙手合十成乞求的樣子、雙膝下跪，親吻地面，甚至五體投地，通常還有哀傷或誦念的聲音。如果這些順從的動作有用，就能讓強勢者冷靜下來。由於祂的勢力非常強大，所以安撫的儀式要常常、定期舉行，免得讓祂生氣。我們通常稱呼這個強勢者為「神」。

　　因為所有的神都沒有具體的形式，那為什麼要有這些神的存在？我們必須回到祖先起源時，去找答案。

　　在成為合作的狩獵人猿之前，我們群居的社群就像今天的猿猴一樣，正常情況下，每一群體都有各自、雄性的領袖。牠是頭頭、領主，社群裡的成員都必須要順從牠，否則就會自食其果。牠也是保護群內成員免於受到外來危險威脅，和擺平其他成員間紛爭最有力的人選。群體內所有成員的一生，都和這個領導者息息相關。牠的全方位角色，讓牠成為大家心目中的「神」。

　　讓我們換個角度看看我們的嫡系祖先，很清楚的，集體成功狩獵有賴於群體的合作精神，隨著合作精神的成長，統治者的權威不能無限上綱，群體裡的成員才會衷心佩服他，而不是因為懼怕而順從。他必須要成為大家族裡的一分子。

過時的猴子暴君必須要消失，身處在今天的這個地位，他必須是一個更寬容、更有合作意願的裸猿領袖。跨出這一步是為互助組織鋪路，但是也引發了一個問題；原先在群體裡只有一個首領，現在被一些有資格的統治者所取代，他現在無法要求絕對的忠誠。這讓某些事情的順序改變了，更重要的是，這是針對新的社會制度，因此，中間出現了一個缺口。從遠古的背景得知，我們還是需要一個能掌控群體的全能人物。現在這個空缺被人造的神所填補了。這個神的影響力可以彌補領導者因受到限制而有所不足的地方。

乍看之下，宗教在這方面的成功是很讓人感到驚訝，它很極端的魅力只是對我們基本生物傾向強度的一種測試而已，這種傾向來自我們猿猴的祖先，向族群裡全能的、居於領袖地位成員的順從。正因為如此，在凝聚社會向心力方面，宗教已經被證實發揮了很大的用處。人類如果沒有宗教力量的幫助，在人類獨特演化起源環境條件下，是否能走到今天這個地步，很令人值得懷疑。

宗教也產生了許多奇怪的概念，例如：相信有「來世」，最終會和神碰面。由於已經解釋過的原因，我們在今生是無法和神會面的，但這個疏漏是可以在來世補救。

為了有助於在來世和神相見，在人死之後，如何處理屍體，就產生了許多各式各樣的奇怪風俗。如果我們想要和我們萬能的神見面，要事先做好周全的準備，所以必須要有精心策劃的葬禮。

把宗教活動搞得過分走火入魔，或是當「神」的專業助手無法抗拒誘惑，私下偷偷向神借用一些法力，歸為己用時，也會造成許多不必要的痛苦和災難。儘管宗教也有一段

興衰無常的歷史，但在我們的社交生活裡宗教卻是不能或缺。當宗教變得無法接受時，它會被悄悄地或是猛烈地遭到屏棄，只是過不了多久，它就會以另一種新的形式捲土重來，可能會透過精心的包裝，但骨子裡還是保有那些舊有的基本元素。

追究到底，就是要我們去接受信仰。只有透過共同的信仰，才能把我們緊密地結合在一起，讓我們不致失控。在這個基礎上，我們可以說只要它夠強大，任何信仰都可以。但是嚴格說來，這並不正確。宗教信仰必須讓人覺得印象深刻，而且要是實實在在被人看到後，覺得印象深刻。我們群居的天性讓我們進行和參與複雜的群體儀式。如果把盛大的場面去掉，將會留下一個可怕的文化缺口，教義的灌輸便無法在重要的深層、情感層次上發揮作用。還有，某些信仰的形式非常浪費、乏味，以至於可以把一個社群轉換成僵化的行為模式，進而傷害他的實質發展。

就一個物種來說，我們是一個高度有智慧和具探索行為的動物，對我們最有利的是，和這個事實掛鉤的信仰。相信我們所處的環境在求取知識和認識科學的正當信仰，創造和欣賞各種形式的美學，以及拓展和加深我們日常生活的經驗範圍，這一切正快速成為我們時代的「宗教」。經驗和了解是我們相當抽象的神，無知和愚蠢會讓神生氣。我們的各級學校是宗教的訓練中心，我們的圖書館、博物館、藝術畫廊、劇院、音樂廳和運動場都是我們膜拜的公共場所。

在家裡，我們用書本、報紙、雜誌、廣播和電視機膜拜。就某種意義來說，我們仍然相信有來世，因為從我們所創造中得到的部分獎賞，是一種透過它們、在我們死後還是

可以續存的感覺。和其他的宗教信仰一樣，這一種宗教信仰也有危險性存在，但是如果我們必須要選擇一種信仰，而其實我們也已經有了。這種相信來世的信仰，是最適合具有獨特生物氣質的我們；它被世界上大多數、且愈來愈多的人們所接受，可被視為是樂觀主義者的補償和放心的來源，去對抗悲觀主義者在早期表達身為倖存種的我們在近期的命運。

在談論宗教的問題之前，我們已經談過人類攻擊行為的組織中，在領土群體防禦方面的本質；但就像我在本章剛開始時所說的，裸猿的攻擊具有三種不同的社會形勢，我們現在必須要考慮另外兩種；第一種是，在較大的族群單位裡，如何進行像家庭這樣小單位的領土防禦；另一種是，個人如何維持自己的階級地位？

透過我們所有在建築上的大規模進展，我們仍然存在對家庭所在地的空間防禦行為。即使是在我們最大的建築物裡，當被規劃成住所時，都會被按照家庭數目，分割為大小相同的小單位。建築物裡很少或是根本就不存在有「分工」這件事，即使有了像餐廳和酒吧這些公共吃喝的場所之後，家庭並沒有因此而除去餐廳的設計。人類儘管在各方面都有長足的進展，我們對市鎮的設計還是受到古老裸猿祖先的影響，需要把群體劃分為小的、界線分明的家庭範圍。只要房子還沒有被壓縮成公寓，需要防衛的家庭領地仍然受到保護、隔離，或是和鄰居不會直接有往來。如此一來，就和其他有領域行為的物種一樣，家庭之間就會有不同受到嚴格尊重，堅持的分界線。

家庭領地其中一個重要的特徵是，它必須要在某方面和其他家庭有所區隔。當然，不同的地點讓每個家庭都有自己

的獨特性，但光這樣是不夠的。它的形狀和外觀必須讓它是
一個突出、容易分辨的實體，這樣才會突顯屋主個人風格化
的不動產。這一點顯而易見，卻又最常被忽略；不是因為經
濟壓力就是來自對建築師對人類常識認知的欠缺。在世界各
地的大小城鎮，興建了無數、一樣大小、單調無趣的房屋。
在公寓住宅裡，情況更是嚴重危急；在這種情況下，建築
師、設計師和承建商對有領地主義的居民心理上的傷害是無
法估算的。幸好，這些相關家庭裡的成員，可以用其他方式
把自己住所標上領地的獨特記號；住房可以漆成不同顏色；
如果有花園，可以種植物，按照自己的喜好造景；可以用大
量的裝飾品、小古玩和私人物品美化房屋或是公寓內部；通
常這些裝飾都是要讓室內看起來「好看」。

　　其實這完全和其他有領域行為物種，在住所附近明顯的
標處留下私人氣味的行徑是一樣的。例如：當你在門上掛上
名牌，或是在牆上掛一幅畫；用狼和狗的方式來說，你是抬
起腳尿尿，試圖留下自己的氣味。某些人會特別著迷在收藏
某些特殊的東西。他們會為了某種原因，必須要用這種方法
來表達對家庭領地在界定上的強烈需求。

　　請牢記一點，有趣的是，可以看到不少車子有小的吉
祥吊飾和個人風格的辨識標誌；還有業務主管一搬進新的辦
公室，馬上把他個人最喜歡的私人筆筒、紙鎮或是他太太的
照片放在桌上。汽車和辦公室都是小型的領地，是家裡的延
伸。如果也能在車子和辦公室裡翹腳，把它們變成是自己的
熟悉空間，一定可以大大地放鬆心情。

　　現在讓我們來看看攻擊行為和社會支配階級之間的關

係。和他經常居住的場所不同，個人也需要受到保護。他必須維持自己的社會地位，如果可能，最好能提升，但要小心謹慎，以免危及自己和他人的合作關係。這時候，前面所提到的細膩的攻擊和服從的信息，就可以派上用場了。

在穿著和行為這兩方面，群體合作需要達到高度的一致性，只是在這一致性的範圍內，還是有很大的階級競爭空間存在。由於這些衝突的要求，讓這些競爭達到非常細微的程度。領結要怎麼打？上衣口袋的手帕到底要露出多少？口音的細微差別，還有其他看起來似乎是瑣碎的舉動，都決定一個人社會地位的高低，佔有一個重要的社會意義。一個世故的人一眼就能看到這些細節。如果把他突然放到新幾內亞的部落，他會完全摸不著頭緒，但是在他自己的文化中，他被迫很快地變成專家。對他們來說，衣著和習慣的微小差別本身毫無意義，然而一旦和社會地位、主導階級牽扯上關係，衣著和習慣就會變得很重要了。

當然，我們並沒有朝著成千上萬人住在一起的趨勢發展。我們的行為只能在少於百人以下的小族群裡發揮功能。在這種情況下，每個部落裡的成員，彼此之間都互相認識，這和現代猿猴類的情形是一樣的。在這種社會組織的型態下，領導階級自然而然地很容易產生、並維持穩定，只有在組織裡的成員變老、死亡之後，才會慢慢改變。

都市裡因為有許多社群，會存在更大的壓力。都市裡的居民每天都會不預期的接觸到難以計數的陌生人，這種現象不會發生在其他靈長類動物身上。雖然每個人都想要嘗試進入其他人的階級關係之中，但這是非常不容易的事。所以他們都是來去匆匆的過客，不追求支配別人，也不為人所支

配。為了避免這些不必要的社會接觸，就產生了反對觸摸行為的形式。這在我們前面討論性行為時已經提到過，異性之間的無意識碰觸，只是這裡所指的不只是避免更進一步的性行為發生，它也包括整個社會性關係的引發。小心翼翼地避免盯著別人看，不要朝著別人打手勢，避免毫無目的的放電，或是跟別人有肢體上的接觸，這些都是我們以不要過度刺激社會環境的生存方法。

當不小心碰觸到別人時，即時道歉，會讓他人知道這是無意的舉動。避免肢體上的接觸行為，讓我們把熟識朋友的人數降低到剛剛好。在這一方面，我們的態度始終如一。如果你想要確認這一點，你可以從聯絡簿或是電話簿中，挑出一百位完全不同生活型態的人，然後算一算你到底認識多少人。你會發現，幾乎每一個人所認識的人數都差不多──和我們所認為理想一個小部落族群應該有的人數一樣。換句話說，即使是在社交接觸裡，我們仍然遵守著自古以來祖先留傳下來的基本生物法則。

當然，法則也會有例外──比如說有些人因為職業的關係必須和許多人保持聯絡，但是也有一些人在行為能力方面有所不足，讓他們變得異常害羞或是孤獨，還有一些人有特殊的心理問題，讓他們無法從朋友處得到預期的社交報酬，因而藉著瘋狂社交來得到補償。但是這些特殊的例外，只佔都市城鎮人口裡的一小部分。所有其他人都在一大片的人群中，愉快地忙著自己的事情。只是在這人群中，其實是一系列令人難以置信、錯綜複雜、交互重疊的小族群所組成。現代裸猿其實和遠古靈長動物的差異並不大。

第六章

進食

裸猿祖先從摘果子為食的形式，過渡到合作性質的狩獵生活，這些不同的生活方式深深影響了裸猿進食行為的基本改變。捕殺獵物的衝動、進食地點、進食習慣和進食種類的改變、儲藏和分享食物的觀念、排泄活動受到控制和逐漸改變……。從裸猿現今的各種行為看來，這些習性已經成為根深柢固的生物特徵。

乍看之下，裸猿的進食行為是一種最多變、隨機性高、強烈受到文化影響的活動之一。儘管如此，還是有一些基本的生物法則在運作。

我們已經仔細討論過裸猿祖先從摘果子為食的形式，過渡到合作性質的狩獵生活，我們已經看到這些不同的生活方式如何影響裸猿進食行為的基本改變。覓食變得日益複雜，必須精心安排。捕殺獵物的衝動必須要從吃的衝動之中部分獨立出來：食物要帶回固定的居所食用；而且經過烹調；食品要更多，每餐之間的間隔也拉長；肉類在飲食中所佔的比例大量增加；開始有儲藏和分享食物的觀念；由家中男性提供食物；排泄活動受到控制和逐漸改變。

以上這些改變都是經過一段非常漫長的時間才完成，儘管近年來我們在烹飪技術方面有長足的進步，但是很顯然的，我們還是保留這些飲食習慣。這看起來應該不只是文化影響下的結果，而是率性地受到時尚的衝擊。從我們現今的行為各方面看來，在某種程度上，這些習性已經成為我們根深柢固的生物特徵。

我們已經注意到，現代農業改進了收穫食物的技巧，讓我們社會中大多數的成年男性不再需要扮演狩獵者的角色，而是以外出工作來作為補償。工作取代了狩獵，但仍保留著許多狩獵的基本特性。例如：固定來回於家和狩獵場所

之間，工作是男人主要的活動，讓男人彼此間有互動的機會和群體的接觸。工作需要冒險和規劃策略，這個「偽裝的獵人」說他們是城市裡的獵人；他在處理事情時變得冷酷無情，被認為他是在「養家糊口」。

每當偽裝獵人需要放鬆時，他會到男性專屬的俱樂部，這是女人止步的地方。年輕男性會形成帶有弱肉強食本性的全男性幫派組織，從學術團體、社交性社團、兄弟會、工會組織、運動俱樂部、共濟會、秘密社團到青少年團體。男人之間會感受到一股強烈的團結情感，讓他們對群體有強大的忠誠度。他們會佩戴名牌、穿制服和辨識身分的標章。有固定的儀式歡迎新會員的加入。這些只有單一性別的聚會，千萬不可和同性戀混為一談。這些團體成員會聚集在一起，基本上和「性」扯不上關係，而是和古代合作狩獵團體內男性和男性之間緊密的合作關係有關。從成年男性在日常生活中所扮演的重要角色，可以看出這股自古以來基本衝動的延續性。否則，他們不需費盡苦心去排除異性和安排儀式，這些活動其實也能在家中進行。

女人通常對她們的男人去參加這些男性活動感到憤恨，認為這是對家庭不負責任的行為。但這種看法是錯誤的。其實，她們看到的只不過是長久以來男性集體狩獵傾向，用另一種方式在現代男性身上表現罷了。

基本上，這和裸猿男女之間的關係一樣，確實和演化緊密結合。在我們身體裡某些新的、重大遺傳改變之前，這種關係會持續存在。

雖然現代的工作已經大量取代了狩獵，但仍然未能完全消除這原始基本衝動的表達。雖然狩獵行為已經失去了經

濟意義，它仍然以各種不同的形式延續下去。捕殺大型獵物、獵殺牡鹿、追捕狐狸、追趕獵物、放鷹捕獵、獵水鳥、釣魚，和小孩之間的打獵遊戲等，都是古代狩獵衝動的補償象徵。有人說這些現代活動背後的真正動機，與其說是追殺獵物，倒不如說是擊敗對手。身陷絕境的獵物，其實代表我們最憎恨的人，我們最希望看到這個人陷入同樣的困境裡。對某些人而言，這裡面有一個無庸置疑的道理存在，但是從整體的角度來看這些活動的形式，顯然只提出了部分解釋。「運動型狩獵」的本質是要給予獵物有公平逃脫的機會。（如果獵物代表的是受到憎恨的對手，那麼為什麼要讓牠有逃脫的機會？）在運動型狩獵過程，獵人要故意給自己製造困難，設下障礙。原本他們可以輕而易舉的使用機關槍或是更致命的武器，但如此一來就無法享受遊戲般的狩獵過程。狩獵最重要的是挑戰性，唯有透過複雜的追逐過程和巧妙控制才能得到報酬。

大賭注是狩獵過程中的一個主要特質，難怪今天各式各樣的賭博方式，對我們有如此強烈的誘惑。賭博和古代的原始狩獵和運動型狩獵一樣，這種冒險犯難方式深為男人所喜愛，它受到嚴格觀察的社會規則和儀式所規範。分析我們的階級結構就會發現，運動型狩獵和賭博在下層和上層社會階級，比在中層階級裡受到更多人喜愛。如果我們認定這是一個狩獵基本衝動的表達方式，那麼原因就很單純。我在前面提過，工作已經取代原先的狩獵行動，這對中層階級最為有利。對一般下層階級男性來說，他的工作性質完全不符合狩獵衝動的要求——乏味、無聊。對狩獵者而言，缺乏挑戰性、運氣和冒險的成分。因此，下層階級男性和不需要工作

的上層階級男性一樣，比中層階級男性更需要表達他們的狩獵衝動。因此中層階級的工作就比較合乎狩獵活動的本質。

　　結束狩獵這個話題，現在讓我們轉換到進食模式的下一個步驟──處理獵物。

　　從工作、運動型狩獵和賭博等活動，都表現出某種程度的獵殺意味。在運動型狩獵裡，獵殺行動仍然保持原來的形式，只是在工作和賭博裡已經轉型成為象徵勝利、但是沒有暴力行為的肢體動作。因此，在我們現今的生活裡，殺死獵物的衝動已經被大大地修正。它一再地在男孩們嬉鬧、但並不怎麼好玩的遊戲中，且以令人吃驚的頻率出現。只是這個衝動在成人世界裡受到強大的文化約束。

　　下列兩種情況是例外、不受約束的，第一是前述的運動型狩獵，另外一種是鬥牛。雖然我們每天屠宰許多家畜，但這些屠殺行為並不會在公眾場合執行。鬥牛比賽正好相反，許多的群眾聚集在一起，觀看這種替代性的暴力獵殺行動。血腥運動被限制在一定範圍內，使得這兩種活動可以持續下去，當然還是有人抗議就是了。除此之外，任何虐待動物的行為，都受到禁止和必須接受懲罰。但也有例外，幾百年前，在英國和其他國家，在公眾場合折磨、殺死「獵物」，以取悅大眾是常見的事。之後，人們認為參與這種暴力行為，會讓人對各種殺戮行為習以為常。

　　因此，在我們複雜、擁擠的社會裡，暴力行為構成潛在的危險來源，對領土和支配方面的限制，達到讓人無法忍受的地步，有時候只能從氾濫的、被壓抑的攻擊行為和異常的殺戮之中得到舒緩。

　　到目前為止，我們已經討論了進食順序的早期階段和它的深遠影響。在狩獵和宰殺之後，讓我們來談談膳食本身。

　　和其他靈長類動物一樣，我們必須不斷地少量多餐，但其實我們並不是典型靈長類動物的代表，我們的肉食演化過程改變了進食系統；典型的肉食動物以狼吞虎嚥的方式進食，兩餐之間間隔較長；很明顯地，我們的進食模式屬於這種類型。在原先的狩獵壓力下，需要採用這種模式，狩獵壓力早已消失，但是這種進食模式卻繼續被保留下來。現在，只要我們願意，要回頭採用原先靈長類動物的進食方式並不困難；然而，我們都遵守嚴格的進食時段，就好像我們仍然在從事活躍的狩獵活動。

　　現今，在上億的裸猿中，很少有人和其他靈長類動物一樣分散進食。即使在食物非常充足的情況下，我們在一天之中很少吃超過三餐，最多不會超過四餐。大多數人一天只吃一到二次的大餐。有人可能會說，這只是在文化方便下的一個例子而已，但是這個論點缺乏足夠的證據支持。

　　在現今複雜的食物供給系統下，可以設計一個有效的系統，讓我們在一天之中以少量多餐的方式進食所有的食物。一旦文化模式適應這個系統之後，以這種分散進食的方式可以避免不必要的效率損失，也可免除現在因為正餐制度下，必須長時間中斷其他活動的不便；只是在這種情況下，我們古代基本的生物獵食本性就無法獲得滿足。

　　還有一個相關的問題是，為什麼食物要加熱？而且要趁熱吃？

　　這有以下三種不同的解釋：第一，加熱過後的食物，比較像是剛被殺死、溫體的獵物。雖然我們不再吃現宰的生

肉，但是我們享用食物的溫度和肉食動物的食物溫度基本上是差不多的。肉食動物的食物是熱的，因為獵物剛死不久，體溫還未降低；我們的食物是熱的，因為我們把它再度加溫。

　　第二個解釋是，因為我們的牙齒不夠強壯，不得不用烹飪的方式，讓肉質變軟。但這並不足以解釋為什麼要趁熱吃？還有其他很多不需要變軟的食物，為什麼也必須要加熱？

　　第三種解釋是，加溫讓食物變得更好吃。在主食裡加入多種調味料，可以讓食物變得更美味。這和我們成為肉食動物的習性無關，而是和我們古早靈長類動物祖先有密切的關係。典型靈長類動物的食物種類繁多，在口味選擇上也遠勝過肉食動物。肉食動物在花費了一番力氣追逐、獵殺和之後的準備享用獵物，實際的進食方式是狼吞虎嚥，過程十分簡單和隨便。然而，猿猴類對各種食物的不同味覺，非常敏感，牠們會逐一品嚐不同口味的食物。或許，當我們在加熱、調理食物時，其實也是在回想以前早期靈長類動物挑剔的本性。或許，這也是讓我們避免成為完全的肉食動物的一種手段。

　　既然談到有關口味方面的問題，有必要在此澄清一下，有關我們是如何接收味覺信號的一些誤解。

　　我們是如何感受到味道？舌頭的表面並不是平滑的，而是有著許多乳頭狀小突起，稱之為味蕾。每個人的舌頭上大約有一萬個味蕾；只是隨著年齡增長，味蕾會逐漸退化、數目也會相對地減少，因此老年人的味覺比較遲鈍。有趣的是，我們只能分辨酸、鹹、苦和甜，四種基本的味覺。當舌

尖接觸到食物時，我們會記住食物裡四種味覺所含有的比
例，這四種味道的混合就是食物本身的味道。

舌頭上不同區域對不一樣味道會有不同程度的反應；舌
尖對鹹味和甜味、舌的兩旁對酸味、而舌的後方則是對苦味
特別敏感。總之，舌頭除了辨別味道，也可以判別食物的質
感和溫度。除此之外，沒有什麼其他的功能了。

事實上，我們所能分辨的更精細、多變的味道，不是靠
味覺而是靠嗅覺。食物的味道會擴散到鼻腔，而鼻腔中有嗅
膜；所以當我們說某一道菜很好吃，事實上我們指的是嚐起
來和聞起來的感覺都很棒。諷刺的是，當我們患重感冒時，
嗅覺的靈敏度會降低，我們會說這個食物沒有味道。事實
上，我們的味覺仍然還是一樣靈敏，只是嗅覺出了問題。

在說明完這一點之後，還有一個有關我們真正口味上的
問題，需要特別說明，那就是我們不可否認、普遍存在喜歡
吃甜食的本性；這並不是肉食動物而是典型靈長類動物的本
性。

靈長類動物在自然界的食物成熟到適合食用時，通常
都會變甜，而猿猴類都非常喜歡有這種甜味的東西。和其他
靈長類動物一樣，我們很難抗拒甜食的誘惑。我們猿類的祖
先儘管有強烈的肉食傾向，卻仍然表現出找尋特別甜食的慾
望。我們對甜食的喜好勝過其他味道，比如有賣甜食的商
店，卻沒有販賣酸食的店鋪。當我們在享用完整的餐點時，
在吃完所有菜色之後，通常會再送上甜食作為結束；所以甜
食就這樣一路流傳下來。更重要的是，當我們偶爾在兩餐之
間吃一些小零嘴（因此，稍稍地回復到古代靈長類動物分散
進食的模式），我們幾乎總是選取靈長類動物所吃的那一類

甜食，例如：糖果、巧克力、冰淇淋和含糖飲料。

　　這種對甜食的強烈需求，會讓我們陷入困境。實際上，這是因為食物中有兩個元素對我們有很大的誘惑：它的營養價值和美味。在自然情況下，這兩種元素應該是關係密切，但是在人工食品裡，這兩者不一定會有所關連，這樣是很危險的事。缺乏營養成分的食物，可以藉由大量添加人工甘味，讓它變得十分可口。如果它以嚐起來「超級甜」來呼應我們從古老靈長類動物時就有的弱點，我們就會大口大口地把自己吃撐，以至於無法再塞進任何食物；因此，破壞了均衡的飲食。這種現象尤其是常見於發育中的孩童身上。在前面章節裡，我曾經提到過在最近的研究裡發現，青春期時青少年們對甜食和水果的氣味偏好很快的消失，轉變到喜愛花香、油膩和麝香的氣味上。通常，青少年對甜食的弱點是很容易被利用的。

　　成年人則面臨另外一種危險；由於他們的食物通常都很好吃──比自然的食物好吃太多，食物的色香味俱全讓取食的反應受到過度刺激；在很多案例的結果都是不健康的過胖，為了避免這種情況的發生，許多光怪陸離的節食養生方法應運而生。患者都會被建議去吃這個或吃那個，或是少吃這個少吃那個，或是從事各種不同的運動。很不幸地，要避免過胖只有一個有效的方法：少吃。它的確很管用，只是患者周遭還是充滿著超級美味的信號，不管男女都很難抗拒誘惑。

　　過胖的患者還有一個併發症；我在前面曾經提到過取代性活動──在緊張時刻裡會有瑣碎、不相關的動作出現，作為放鬆心情的活動。就像我們所看到的，其中一種非常頻

繁、常見的取代性活動就是「替代性的進食」。在神經緊張時，我們會小口小口地咀嚼食物，或喝不必要的飲料。這些動作都可以幫助消除緊張，但也會讓我們變胖。尤其是當所謂的替代性進食動作裡的瑣碎本性，其實是指我們故意去挑選甜食，如果一直吃甜食，而且歷時甚久，最後造成「肥胖焦慮症」。我們也會看到一個深感內疚、無安全感的人身上逐漸出現了熟悉、肥胖的輪廓。對這個人來說，只有緩和當初讓他感到緊張的狀態，這種行為的改變才能讓他維持纖細的身材奏效。

在此不得不提一下「口香糖」所扮演的角色，它的發明完全是為了替代性進食的目的；它提供了放鬆心情的專業因素，而且不會有吃太多食物下肚的問題。

緊接著討論到現代裸猿所吃的種種食物，其實種類繁多。整體來說，靈長類動物所吃的食物範圍比肉食動物來得大。肉食動物其實已經成為專食性，而靈長類動物則是機會主義者。例如：對日本獼猴野外族群的仔細調查發現，牠們吃 119 種植物，形式包括花蕾、嫩枝、葉子、果實、根和樹皮；但這些並不足夠，牠們還吃各種蜘蛛、甲蟲、蝴蝶、螞蟻和蟲卵。典型肉食動物吃得比較營養，但是也比較單調。

當我們轉變成為以狩獵為生時，就同時享有肉食和草食雙方面的好處。我們把有高度營養的蛋白質加入飲食中，但是並沒有放棄老祖宗雜食的本性。幾千年來，我們獲得食物的技術有相當程度的改良，只是基本立場還是一樣。據我們所知，早期的農業系統可以約略描述成是一個「混合農業」，動物的馴養和植物的栽培是相互伴隨成長的。即使是

在今日，我們已經對周遭環境的動植物世界都有強而有力的支配能力，我們還是葷食和素食並重，不偏廢任何一種食物。

到底是什麼原因讓我們沒有朝任何一方演化？原因可能是由於人口密度大量的增加，完全依賴肉食會有數量不足的問題；反過來說，完全依賴植物則會有數量上的危機。

有人可能會說由於我們靈長類動物祖先需要在缺乏肉類時，也要能湊合著過活；所以，我們不吃肉應該也不會有問題才對。我們之所以會開始吃肉，完全是環境條件所造成，既然現在我們已經可以掌握環境條件，按照我們的意願去栽培精緻作物，或許可以回到靈長類祖先早期的進食模式。本質上，這是素食（或是有人自稱為果食者）崇尚者的信條。只是這種言論施行起來，是很難做到的。人類吃肉的衝動已經是根深柢固的觀念了，一旦有機會吃肉，我們不會願意放棄這種方式。關於這一點，值得注意的是，素食者很少解釋為什麼選擇他們所吃的食物，只是說他們比較喜歡吃這些食物。相反地，他們精心地給自己找一些冠冕堂皇的理由，包括各式各樣的錯誤醫學訊息，和自相矛盾的哲學理論。

跟典型的靈長類動物一樣，自願素食者以攝取各式各樣的植物來均衡營養。但是在某些社區所盛行的素食風氣，其實是因為環境所迫，而不是少數人在道德上的偏好。隨著耕種技術進步和耕種集中在少數幾種主要穀物上，以致在某些文化裡效率一直無法提高。大規模的農業耕作，使族群數目得以增長，但是只依賴少數幾種基本的穀物為食，造成他們嚴重營養不良。他們的人口不斷擴張，健康狀況卻不甚理想，他們可以存活，但也就只是活著而已。濫用文明進步所

生產的武器會造成侵略的災難，濫用文明進步下生產技術同樣可以造成食物上的災難。

　　一個社會如果喪失食物本質上的平衡，或許還是可以存在，但是如果想要在人口質量方面有所發展和提升，就必須要能克服大量蛋白質、礦物質和維生素不足所產生的不良效應。在今天所有最健康、最進步的社會裡，肉和菜之間的飲食均衡都保持得很好。儘管在營養取得的方法上，有了很大的改變。今日裸猿的食物和其他古代靈長類動物的祖先大致還是沒有什麼改變。在此重申，看起來改變不大，事實並非如此。

第七章
慰藉

人類安撫行為在社會議題上有很大的進展,但和其他靈長
類動物一樣,裸猿依舊會替自己抓癢、揉眼睛和舔自己的
傷口,也和牠們一樣喜歡曬太陽。此外,裸猿也學會了一
些特殊的文化形式,最常見和最普遍的是用水洗滌。這些
慰藉行為的目的是什麼呢?

身體表面是動物直接和環境接觸的地方，在一生之中受到無數的粗暴對待，令人驚訝的是，它在經歷過重重的磨損之後，居然還能保持完整。皮膚本來就是用來保護身體的，由於有非常良好的再生組織系統，還有動物演化出許多特殊的安撫身體的動作，讓身體保持乾淨。相較於進食、打鬥、逃跑和求偶這些動作，我們會把這些清潔動作認為是相對瑣碎的行為，只是缺乏清潔動作，身體無法有效率發揮它的功能。

對某些動物而言，例如小鳥，身上羽毛是否能保持乾淨，關係到牠們的生死。如果翅膀被淋得濕答答或沾滿污泥，小鳥會無法迅速起飛，來不及逃脫捕食者的獵殺；如果天冷了，也無法保持體溫。一天當中，小鳥會花費很多時間在洗澡、用嘴理毛、潤滑身體、抓搔，這是一個漫長又複雜的過程。哺乳類動物在這種慰藉模式上比較沒有那麼複雜，只花較多時間在梳理毛髮、舔對方身體、抓寄生蟲吃、抓癢和摩擦身體。跟翅膀一樣，毛髮如果是要用來保持體溫，也是要打理整齊。如果頭髮打結、變髒就會增加染病的機會，必須清除皮膚的寄生蟲，並且把數量減到最低，即使是在靈長類動物身上也不例外。

在自然界裡，猿猴類很常被看到在清理自己的身體，逐步地清理牠們身上的毛，從裡面挑出皮屑或是卡在毛髮之間

的外來物，然後送進嘴裡下肚，有時候也只會淺嚐。整個梳理過程會持續進行好幾分鐘，牠們看起來都是聚精會神，十分專注；有時候會針對特別的地方，加入突然地搔癢、抓蟲子吃等動作。大部分的哺乳類動物是用後腳抓癢，但是猿猴類前後腳都能派上用場，牠們的前肢特別適合清理的工作，靈活的手指可以穿過皮毛，精準地直達癢處。

　　和其他動物的爪和蹄比較起來，靈長類動物的手是細緻的清理器具。即便如此，兩隻手還是比單獨一隻手有用。不過，還是會有問題；猿或猴類可以同時用雙手去抓腿部、腰部或身體前面的癢，但是無法有效率地去抓背部或手臂的癢。還有，在無法照鏡子的情況下，抓頭部癢的時候，也無法看清自己在做些什麼，所以牠雖然可以雙手並用，但只能盲目地處理。很明顯地，除非有特殊方法可以派上用場，否則和身體前面、腰部和腿部比較起來，頭部、背部和手臂是最難梳理乾淨的地方。

　　解決之道是社交性的相互打扮，這是一種友好的互助體系。這種行為在鳥類和哺乳類動物裡很常見，只是在高等靈長類動物裡表現得最為淋漓盡致。在牠們的行為裡有特殊的打扮邀請信號，還有很持久和投入的社交美容活動。

　　當一個猴子美容師走向需要被打扮的猴子時，牠會以特殊的臉部表情向後者表明來意。牠會有快速咂嘴的動作，在兩次咂嘴之間還會伸出舌頭。被打扮者會以放鬆的姿勢表示接受牠的邀請，比如，將身體需要整理的部位朝向美容師。就像我在前面章節裡所提到的，咂嘴這個動作是從清理皮毛、吃皮屑和寄生蟲的動作演變而來，而且已經成為一種特殊的儀式。加快咂嘴這個動作，讓牠的動作變得更誇張、

更有規律，是把這個動作轉換為明顯、不致被誤解的視覺信號。

　　因為社交性的打扮行為是一種彼此合作、不帶有攻擊性的活動，咂嘴的形式就變成友好的信號。如果兩隻動物想要鞏固彼此之間的友誼，就算牠們的毛髮不需要清理，還是可以重複地互相整理。說實在的，現階段身上骯髒的程度和互相打扮的頻率之間，似乎是沒有絕對的關聯。社交性的打扮活動也變得和原先來源的刺激沒什麼關聯。雖然打扮的主要目的是為了讓身體保持乾淨，它們的主要動機已經從美觀的目的轉移到社交方面。社交活動讓兩隻動物彼此親近，並維持著沒有攻擊型和互助合作的心情，可以讓群體內個體的人際關係變得更加緊密。

　　在這個友好的信號系統之外，還有兩個產生新動機的手段，其中一個和緩和對方情緒，另一個和安撫有關。如果一個瘦弱動物受到強壯動物的驚嚇，牠可以先向強壯者發出咂嘴的邀請信號，之後再實行毛髮的打扮，讓強勢者冷靜下來。這個動作會讓支配角色者的侵略性降低到讓順從者可以接受的地步。在這種情形下，順從者是可以獲准留在原地，因為牠可以提供服務。反過來說，強勢者也可以用同樣方法讓弱勢者平靜下來。牠可以對順從者咂嘴，表示沒有攻擊意圖。雖然牠還是擁有掌控權，但是並無惡意。相較於緩和情緒的行為，這種特殊安撫行為的模式比較少見，原因是靈長類動物的社交生活不太需要用到安撫手段。在生活中通常弱勢者所擁有的東西，強勢者都可以透過奪取的手段得到。有一個例外情況是，位階較高、沒有小猴子的母猴，想要接近、擁抱猴群其他母猴的小猴子時，小猴子會因為看到陌生

臉孔而驚嚇跑走；在這種情況下，母猴會嘗試著用咂嘴的表情去安撫小猴子。如果這樣就可以讓小猴平靜下來，母猴會撫摸小猴，輕輕地替牠理毛，繼續讓小猴安心。

顯然地，如果我們再來看看我們自己，或許也能從我們身上看到這種靈長類動物基本的打扮傾向，它不會只是一個簡單的清理形式，而是包含在一個社交背景裡。當然，我們和靈長類動物最大的差別是，我們不再擁有需要保持乾淨的濃密皮毛。當兩隻裸猿相遇，想要增強友好的關係時，必須要找尋社交性理毛的替代方式。

如果針對其他靈長類動物研究這些狀況，除了發現有互相理毛，還有一些有趣的現象；我們會先看到微笑取代了咂嘴。我們已經討論過微笑是從一個小嬰兒的特殊信號演變而來，我們也看到嬰兒在無法用手抱住媽媽時，必須要有其他方式來吸引和安撫媽媽。嬰兒長大以後，很明顯的「微笑」成為「打扮邀請」的絕佳替代方式。

但是，在接受友好接觸邀請之後，下一步該怎麼辦？要用什麼方式去維持友好關係呢？咂嘴靠著理毛繼續，那微笑要靠什麼延續？是的。微笑可以一再重複使用，而且在初步接觸之後，無需收斂或改變。只是還需再加入一些其他更專業的行為，需要借用或是轉換一下像打扮那樣的某種活動；透過觀察很容易就會發現語言正是這個借用的東西。

說話這種行為模式源起於，因為合作需要更多的訊息交換；它是從動物常見非言詞模式、情緒現象表達所衍生出來的。從哺乳動物典型、與生俱來的叫聲基礎上，發展出一套更複雜的聲音信號。這些全部聲音的組合和重組成為我們所

謂的訊息交談的基礎,和比較原始、非語言形式的信息不同的是,這種新的溝通方法,可以讓我們的祖先正確指出環境裡的東西,還有分辨過去、未來和現在的東西。

直到今天,信息交談仍然是人類口頭交流時最重要的形式。只是,語言的發展並未停止,仍然在持續演化中。

語言還有其他功能,其中之一是來自情緒性交談。嚴格說來,這其實是不必要的,因為非語言的情緒性信號並未消失。我們仍然可以以我們祖先的尖叫呼嚕聲轉換成情緒的充分發洩,但是我們也透過語言的方式來增強情感表達。通常說出「我受傷了」這個言語信號之前,會先發出疼痛的情緒叫聲;憤怒的咆哮之後是「我很生氣」的語言信息。有時候非語言的信號並不是以純粹非語言狀態呈現,而是以聲音裡的音調方式表達。「我受傷了」是以哀鳴或尖叫的方處說出口,「我很生氣」則是咆哮或大聲呼叫的方式表達;在這種情況下所發出的音調是透過學習,但沒經過改變的原因和古代哺乳類動物祖先非語言的信號系統非常相似,即使是狗都能聽出其中的意思,更別說是其他外國人。在實際情況下,用其他字眼都是多餘的。(嘗試著對你的寵物吼叫出「乖狗狗」或是輕柔地說「壞狗狗」,你就會了解我的意思)。在最粗暴和最激烈的交談中,情緒化的交談在言語溝通上,似乎是多餘的。它的存在價值在於讓更精細、更敏感的情緒信號增多。

語言的第三種形式是,探索性的交談。探索性交談是純粹為談話而談話,審美性談話,如果你想要,也可以是遊戲性的談話。和其他訊息傳遞形式一樣,審美的探索可以透過

繪圖和談話達成。在這一方面，詩人和畫家是很相似的。

　　但本章所注重的是言語的第四種形式，在近期被很巧妙地描述成打扮性的交談。在社交場合裡，這是一種毫無意義、禮貌型的閒聊，像是「今天天氣不錯」，或是「你最近都看些什麼書」之類的交談。這種交談和重要訊息的交換無關，也和說話者真正的心情如何無關，也沒有審美的愉悅感。這些交談只是在加強見面時微笑的作用和維持社交的和睦性，這是人類社交性打理的替代方式，它們提供了不具攻擊性的社交要務，讓我們能和其他人長期相處、增進並強化寶貴的族群關係和友誼。

　　從這個觀點來看，社交場合過程如何加入打扮性的交談是一個有趣的遊戲。在初見面的歡迎儀式之後，打扮性交談便成為最主要的活動；然後會逐漸失去它的重要性，但是在群體要分開的時候，又會再度成為重要的活動。如果這個團體純粹因為社交原因而聚會，那麼打扮性交談就會超越信息、情緒性和探索交談，從頭到尾成為聚會裡的主要角色。雞尾酒會就是一個典型的例子，而且在這種場合，藉由不斷地走入人群之中，打斷冗長的對話，轉換互相打扮的對象，目的在於避免談論「嚴肅」的話題，讓大家都有廣泛的社會接觸。如此一來，酒會裡的每一個成員便會不斷地被帶回到「原始接觸」的狀態，這是引發打扮式交談最強烈之處。

　　如果要使這些社會性打扮的對話能夠持續、成功，必須要邀請大量的來賓，讓新的接觸不至於在宴會結束之前就結束。這就是為什麼類似雞尾酒會的聚會，都會有一個大家心照不宣的最少參與人數的原因。

　　在小型、非正式的晚宴裡，情況會有些許不同。打扮

性的交談隨著天色漸暗而逐漸減少，隨著時間的經過，有關正經話題的交談和意見的交換逐漸佔上風。只是，在宴會快要結束、最後道別儀式之前，又會開始進行短暫的打扮性交談。這時候微笑會再度掛在大家的臉上，以這樣的方式道別，讓整個聚會劃下完美的句點，並且為下一次的見面留下美好的印象。

如果我們把焦點轉換到更正式的會面場合，此時社交的主要功能在交換訊息，所以打扮性的交談會明顯減少，但不會完全消失，只會出現在開幕和閉幕時刻。它不像在晚宴場合的逐漸減弱，而是在剛開始經過短暫的、禮貌性寒暄之後，很快就會受到壓抑。和前面的社交場合一樣，它會在會議結束之前，一旦有人暗示差不多該結束了，打扮性的交談又會再度出現。人類因為有強烈施行打扮性交談的衝動，企業集團通常必須想辦法提高會議的程序性，如此才能儘量避免在會議中出現打扮性交談。這也說明了委員會程序的起源，在這個過程中，所受到的拘束達到最高點，這在其他私人社交場合裡是很少見的。

雖然打扮性交談是我們社交性交談最重要的替代品，它卻不是唯一的表現方式。裸露的肌膚雖然無法確切表達我們很熱情的打扮性信號，還有其他更有刺激性表面來作為替代品，鬆軟或毛絨絨的外衣、地毯或家具通常也都能釋出強烈的打扮性反應。寵物更是充滿著對人的誘惑，很少裸猿看到貓時，能抵擋得住不去摸牠身上毛，或是看到狗時，不去搔牠耳朵的衝動。事實上，動物把這些社交上的打扮動作，只是來自打扮者的部分補償而已。更重要的是，寵物身體表面提供我們古代靈長類動物的理毛衝動的宣洩出口。

　　就我們的身體而言，絕大部分是裸露在外的，只在頭部還保有又長又密的毛髮可供梳理。頭髮在專業造型師、理髮師和美容師手上備受呵護的程度，很難單純用清潔衛生的理由來解釋。

　　為什麼互相梳理頭髮沒有成為家庭社交集會的活動？這個原因並不是那麼顯而易見，例如：當我們可以輕而易舉地把原來打扮的動作全部集中到頭部時，為什麼我們還要發展出特殊的打扮性的交談，取代我們其他靈長類典型有儀式的梳理毛髮呢？答案就在毛髮具有代表性的意義。

　　現階段男女打扮頭髮的方式有很大的差別，因此成為第二性徵。頭髮在和性方面的關聯，讓它不可避免也參與到性行為的模式，所以撥弄頭髮現在也變成帶有強烈性愛意味，因而不能作為單純社交上的友好表示。因此，它無法作為社交集會時，好友彼此間的友好表示，必須要另外找尋其他的表達方式。

　　撫摸貓和沙發可以宣洩想要打扮的衝動，但是需要被打扮，就需要一個特別的方式；上美容院就是很好的選擇。在美容院，顧客們可以享受身為被打扮者的角色，過程中不用擔心會有性愛的參雜因素。把專業打扮者完完全全從部落熟悉的角色中獨立出來，就不至於發生前面所提到的危險。男性美容師只服務男性顧客，女性美容師只替女性顧客打理，更能降低危險性。如果不是這種情形，也會有其他方式來降低美容師的性慾。如果是男性美容師服務女性顧客，不論他真正的性格如何，他通常表現出較為溫柔的態度。男性顧客通常是由男性理容師服務，但如果是由女性來幫他按摩，他通常會表現得比較男性化。

從行為模式的觀點來看，理髮有三個作用：它不僅可清理頭髮，讓人門面一新參與社交活動；還讓被打扮者光鮮亮麗。為了性慾、攻擊行為和其他社交目的而裝扮身體，在裸猿裡是一個普遍的現象。這在其他章節已經討論過了。除非為了某種打扮性活動而常常出現這種打扮，否則安撫行為是無法單獨成為一個章節的討論話題。

紋身、刮鬍子、拔毛、修指甲、穿耳洞以及更原始的黥面，好像都是從簡單的打扮性活動演變而來，只是當打扮式交談被從其他地方引用來取代正式的打扮活動。在這裡卻是反過來，打扮式的活動被引用、改變為別的用途。原來的具有保護皮膚的安撫動作，產生一個新的展示功能，轉變成為相當於損傷皮膚的動作。

動物園裡某些圈養動物，也可以看到有這種傾向。不管是對自己還是受到打扮照顧的同伴，牠們有過度打扮和舔舐的行為，一直到受到關注的地方掉光毛或是產生小傷口為止。這種過度的打扮情形，是由於受到壓力或是感到無聊所致。相似的情況也會造成人類殘害自己的皮膚。我們的皮膚上因為無毛、裸露在外，因此更容易加大傷害。然而，在人類的例子裡，天生的投機本性讓我們能夠把危險、有害的傾向轉變成裝飾性的展示手段。

從單純的皮膚保護發展出另一種更重要的趨勢，那就是醫療保健。其他生物在這方面的進展有限，但是裸猿從社交打扮行為中發展出來的醫療活動，對於裸猿，特別是在近代能順利發展有著深遠的影響。在人類近親的黑猩猩裡，我們也開始看到這種趨勢，牠們除了一般相互打扮的皮膚照顧之外，曾經有人看過一隻黑猩猩幫另一隻黑猩猩做小創傷的

治療；仔細的檢查和舔乾淨小疼痛或傷口，以兩隻食指小心翼翼地移除崁入同伴皮膚裡的碎片。另一個例子，有人看到一粒小煤渣掉進了一隻雌性黑猩猩的左眼，牠表情痛苦、嗚咽地走向一隻雄性黑猩猩。雄性黑猩猩坐下來，專心檢查、付出極大的關懷後，精準地以雙手手指的尖端取出小煤渣。這已經不是單純的打扮行為，而是合作性醫療保健的初步跡象。但是對黑猩猩來說，這已經是他所能做到的最極限了。對人類而言，由於智力和互助合作能力都相對提高，像這種專門形式的打扮方式是許多相互肢體援助技術的開端。

現今的醫療已經發展得如此複雜，從社交角度來看，它已經變成們安撫行為的主要表現。醫療行為已經從減緩輕微的不適，擴大到重大的疾病和身體創傷的處理；這種成就在生物學上是很獨特的現象。但在把它視為是合理化的過程中，我們似乎忽略了非理性因素的存在。要了解這一點，必須要能分辨病痛的嚴重程度。

和其他動物一樣，裸猿偶爾也會發生意外，比如不小心摔斷腿或是受到嚴重的寄生蟲感染；但是並非所有的小毛病看起來都會有徵兆，輕微的感染和不舒服，通常都會受到合理的照顧，看起來就像是重病的前兆。有明顯證據顯示，事實上這種現象和原始的打扮要求的關係更為密切。醫學上的症狀反映的是，行為上的問題讓身體微恙，真正的問題不在身體上。

這些被我們稱為是「和打扮邀請有關的小毛病」包括：咳嗽、受到風寒、感冒、背痛、頭痛、胃不舒服、皮膚出疹、喉嚨痛、肝功能障礙、扁桃腺炎和咽喉炎。這些症狀所引起的疼痛並不嚴重，只是所引起的身體不舒服，足以引起

社交夥伴付出更多的關注。以上症狀所引起的反應和打扮性邀請信號相同，醫師、護士、藥劑師和親朋好友們會釋放安撫的信號，被安慰者會得到友善的慰問和照料，光是這些就足以治癒疾病。藥丸和藥品取代了以前的打扮動作，並且提供了專業儀式，透過這些社會互動的特殊現象，得以維持打扮者和被打扮者之間的關係。至於到底吃的是什麼藥，根本不重要，現代醫學的策略和古代的巫醫醫術之間，在這一點上並沒有多大差別。

對這種小毛病所提出的解釋持反對的理由很可能是因為透過觀察，從這些小毛病患者身上可以找出病菌或是病毒。如果真是這樣，而且可以證明在醫學上它們是引起風寒和胃痛的原因，那麼我們為什麼還要在行為學上尋求解釋？答案是，在任何大都市裡，我們無時無刻不暴露在這些常見的細菌和病毒的環境中，但我們只是偶爾受到侵害。其中，有些人還比較容易因此而生病。在社區裡事業有成，或是社交能力良好的成員，很少會生打扮性邀請信號的小毛病；相反的，有暫時性或是長期社交問題的人比較容易得病。

最有趣的是，這些病好像是替某些人量身定做；例如：一位女演員在社會緊張和壓力下，會出現什麼症狀？她會失聲，有咽喉炎；她會因此被迫停止工作、好好休息；她會受到慰問和照顧；她的緊張至少可以暫時消除。如果她的症狀是身體起了疹子，她可以用衣服遮住，繼續上工，於是緊張就會持續下去。把她的情況和自由式摔跤選手做比較，對摔跤選手而言，失去聲音對打扮邀請的小毛病並沒有影響，但皮膚起疹子卻是有用的。摔跤選手們的診斷醫師發現，摔跤選手最常抱怨的就是患有這種小病。談到這方面，有趣的

是，有一位知名女演員靠著裸露身軀在電影圈打出知名度，在有壓力情況下，她不是咽喉炎發作，而是皮膚起疹子。因為和摔跤選手一樣，裸露皮膚對她很重要，所以她所患有的疾病和摔跤選手一樣，卻不同於其他女演員。

如果對安撫的需求很強烈，那麼病況就會愈嚴重。在我們一生當中，躺在嬰兒床的時期是受到最多的照顧和保護。因此，任何疾病足以讓我們感到無助而臥床，都能讓我們重新得到嬰兒時期的安撫和照顧。我們可能認為自己是在服用一劑猛藥，但實際上它是一記強烈的安全感，來治癒我們。（這不是要我們裝病，這是不必要的。病徵是真的，但行為是生病的原因，而不是結果。）

在某種程度上，我們不管是在打扮者或是被打扮者的角色來看，或多或少都有挫折感存在。從照顧病人得到成就感，和被人照顧得到滿足感，一樣都是一種基本需求。某些人有一種想要照顧別人的強烈需求，因此會積極地促成或延長同伴的生病時間，讓他們更能完全表現照顧別人的衝動。這會造成一個惡性循環，讓打扮者和被打扮者間的關係畸形發展，造成一個習慣性不合理的被照顧要求，或需要經常性看護的產生。如果這種情形下的相互打扮對象，在面對有關他們這種互惠行為的真相時，會全盤否認真正的原因。

儘管如此，令人驚訝的是，當打扮者和被打扮者（護士和病人）的關係產生重大的社會動盪時，有什麼奇蹟般的治療方式，在某些情況下可以解決問題呢？信仰治療師有時在解決這方面的問題時，會有令人驚訝的結果。可惜的是在大部分的案例裡，他們所遇到的病人除了有治病的因之外，也有受到疾病傷害的果。事實上，對他們不利的是，打扮性邀

請信號所產生的行為上的影響，如果拖得太久，很容易造成身體無法回復的傷害。一旦發生這種情況，就需要有認真又合理的醫療處置。

到目前為止，我一直集中在討論人類安撫行為在社會方面的問題，我們可以看到在這方面有很大的進展，但是並沒有排除、或取代更簡單的自我清理或自我安撫的行為。和其他靈長類動物一樣，我們還是會替自己抓癢、揉眼睛、挑自己的傷處和舔自己的傷口，也和牠們一樣喜歡曬太陽。此外，我們也學會了一些特殊的文化形式，最常見和最普遍的是用水洗滌。在其他靈長類動物裡很少見，雖然某些種類也會偶爾洗澡，對我們而言，洗澡已經是大多數的社區裡清潔身體的最主要方式了。

雖然洗澡有它明顯的好處，但太常用水清潔身體，容易讓皮脂腺所產生的抗菌性、保護性的油和鹽類受到嚴重的破壞，讓皮膚容易受到病菌的入侵。既然有這個缺點，為什麼還要用水洗澡？那是因為洗澡在除去油脂和鹽類的同時，也同時洗掉了讓人生病的污垢。

除了保持清潔的問題之外，安撫行為也包括保持適當的體溫。我們和哺乳類動物、鳥類一樣，有一個恆定、較高的體溫，讓我們大大增加了生理的功能。當我們身體健康時，不管外界的溫度如何，我們體內溫度的變化不會超過華氏三度（約攝氏 1.7 度）。體內溫度和日週性有關，傍晚時體溫最高，清晨四點時體溫最低。

當外界的溫度太低或太高時，我們立刻會感到非常不舒服，這種不舒服的感覺是一個早期的警報系統，警告我們要趕快採取行動，防止體內的器官因為過冷或過熱而受到損

傷。身體除了有令人鼓舞的智能、自主性的反應，還會自動採取某些步驟，讓體溫維持穩定。當外界環境溫度升高時，血管會擴張，體表溫度升高，讓熱量透過皮膚溢出，還會大量出汗。我們每個人身上大約有兩百萬個汗腺，在高溫的況下，這些汗腺可以每小時排出一公升汗水。這種從皮膚蒸散水分，也是有效散熱的一種方式。在適應較熱環境的過程中，我們的排汗效率會明顯增加。這是很重要的，因為在炎熱的氣候裡，不管是哪一種人種，都只能忍受體溫上升華氏0.4 度的極限。

如果環境變得太冷，我們的血管會收縮，身體會打寒顫。血管的收縮有助於保持體溫，打寒顫可以產生比休息時多三倍的熱量。如果皮膚長久暴露在酷寒中，血管長時間的收縮又會讓皮膚凍傷。在手部有一個重要的、內在的防凍傷系統。當手部遇到酷寒時的第一個反應是血管急遽收縮，然後大約經過五分鐘之後，血管反過來開始舒張，手開始發熱、變紅。（只要在冬天滾過雪球的人都會有過這種經驗。）之後，手部的收縮和擴張會輪流出現，收縮能減少熱量的損失，擴張則可以防止凍傷。人類長期居住在嚴寒的氣候下，會以不同的形式來做身體上的適應，這其中包括基礎代謝率的速度稍微加快。

隨著人類到處遷徙、擴散，除了生物學上體溫控制機制之外，還有重要的額外文化上改變，火、衣服和禦寒房舍的建造等，防止熱量散失的發明，通風和制冷也被用來防止升溫。儘管這些進展相當重大且快速，卻無法改變我們體內的溫度。它們只能用來控制外界的溫度，讓不管在何處的人們，都能身處在原始靈長類動物體溫的水準。儘管最近有人

宣稱，以特殊的冷凍技術可以讓人維持生命跡象，但也僅止於科幻小說的情節而已。

最後有關對溫度的反應，還需要說明流汗的特殊現象，對人類出汗現象的詳細研究顯示，出汗並不像表面上看起來那麼的簡單。溫度升高時，大部分的皮膚表面會開始出汗，無庸置疑，這是汗腺系統原有的基本反應。在其他刺激下，某些區域也開始有出汗反應，這和外界溫度高低無關。例如：吃很辣的食物，會出現臉部出汗的特殊模式。情緒上出現壓力時，手掌、腳掌、腋下，有時連前額也都會出汗，但此時身體的其他部分卻不會出汗。情緒緊張時出汗的區域，又可再細分為手掌、腳掌和腋下、前額兩區。手掌和腳掌區，最主要是針對情緒上的反應出汗；腋下和前額則是對情緒和溫度的刺激都會出汗。由此可見，手掌和腳掌的出汗是來自溫度的控制系統，然後演化出自己的新功能。手掌和腳掌在壓力出現時會有濕潤現象，現在這代表著當身體受到危險威脅時，「我已經準備好了」的特殊信號。在使用斧頭前，向手掌心吐口水，就是這種意思，只是它並非生理上的反應。

手掌出汗的反應十分敏感，一旦群體的安全受到威脅，整個社區或是國家在這方面的反應會突然增加。在最近的政治危機中，發生核子戰爭的可能性曾經一度增加，研究機構裡所有對有關手掌出汗的研究被迫停止，因為這種反應的基準點已經不再準確，所得到的結果也不會正確。算命師根據手相，可能無法預測我們未來的命運，但是透過生理學家的研究，絕對可以知道我們對未來的恐懼是什麼。

第八章
動物

最受4~14歲的孩童喜愛的前十大動物和最不受歡迎的十種
動物是哪些？為什麼？這些數據和裸猿在經濟、科學、審
美各方面的興趣有何關係？更奇妙的是，這些喜愛與厭惡
的感受會隨著裸猿年齡的增長變化，讓我們和動物之間的
獨特複雜關係更加複雜。

到目前為止，我們已經討論了裸猿本身的行為以及他與同類之間的行為 —— 裸猿的種內行為。剩下要討論的活動是，裸猿和其他動物間的關聯 —— 裸猿的種間行為。

　　構造較為複雜的動物都知道，在牠們所生活的環境中，還有其他動物的存在。牠把牠們分成五類：獵物、共生物、競爭對手、寄生物和捕食者。在人類來說，這五類可以總稱為對動物從「經濟」方面的考量。另外，還有科學上的、審美上的、象徵上的考量。這種對其他動物的廣泛興趣，讓我們在動物界裡，和其他動物間有一種獨特的關係。為了要能從事客觀的說明和進行了解，我們有必要一步一步慢慢地去解決問題。

　　由於裸猿天性喜歡探索和投機取巧，所以可食用的動物名單有一長串，在某些地方、某些時候，他幾乎可以殺死和食用所有你能提到的動物。從一個史前遺跡的研究得知，五十萬年以前，裸猿僅在一個地方所捕殺和食用的動物就包括：野牛、馬、犀牛、鹿、熊、綿羊、猛獁、駱駝、鴕鳥、羚羊、水牛、豬和鬣狗。編寫一本近代裸猿的食物「種類的食譜」是毫無意義的，但在我們的捕食行為中有一個特性值得一提，那就是某些經過挑選種類的馴化傾向，雖然我們幾乎什麼動物都吃，但主要食物卻只侷限在少數幾種動物。

　　家畜的馴化過程要有組織的控制獵物和選取獵物，人類

馴養家畜至少已經實行了一萬年以上,甚至還更久。很顯然的,山羊、綿羊和馴鹿是最早被馴化的獵物;之後,隨著固定式農業社區的發展,豬、牛(包括亞洲水牛和犛牛)也被馴化了。有證據顯示,在四千年前,牛就已經有好幾個不同的品種。山羊、綿羊和馴鹿則是直接把捕捉來的獵物,馴化之後放養。一般認為,豬和牛最先是以作物掠奪者的身分闖入人類的世界;每當作物成熟時,牠們就會趁機闖入產量豐富、新的食物區,於是被早期的農夫捕獲,豢養成為家畜。

兔子是唯一經過冗長時間,才被馴化成為家畜的小型哺乳類動物,牠的馴化歷史相較於其他家畜要晚許多。在鳥類被馴化為主要家畜的千年歷史裡,先有雞、鵝和鴨,後來又加入雉雞、珍珠雞、鵪鶉和火雞。經過長久馴化歷史的魚類有:地中海海鱸、鯉魚和金魚。然而,金魚很快就從食用性轉變為觀賞性動物。人類對魚的馴化是近兩千年內發生的事,所以在我們有計畫性的捕食動物過程中,只佔有一小部分的地位。

在我們種間關係名單中的第二種是共生物。共生關係指的是兩個不同種之間互惠互利的關係。動物裡有很多共生關係的例子,其中最有名的是牛椋鳥和大型有蹄類動物,例如犀牛、長頸鹿和水牛之間的夥伴關係。牛椋鳥啄食有蹄類皮膚上的寄生蟲,這些動作有助於這些大型動物維持身體的健康和清潔;大型動物則提供鳥類寶貴的食物來源。

雖然人類也是共生關係中的成員之一,但是在互惠互利關係中,通常是佔便宜的一方;但這還不足以構成為第六種的關係,也不同於捕食者獵殺獵物的關係,因為它並不牽

涉到獵物的死亡。我們利用牠們，只是以餵養和照顧的方式做為交換。這是一種偏頗的共生關係，因為是我們在掌控情況，而參與的動物通常很少，或完全沒有選擇餘地。

在人類歷史裡，最早的共生物無疑是狗。我們無法百分之百確定我們的祖先何時開始豢養這種有價值的動物，但至少有一萬年以上的時間。這是一個很有趣的故事，現代的狗是從野生、長得像狼一樣的祖先而來，牠們曾經是我們以打獵為生的祖先的強烈競爭對手。牠們和我們的祖先一樣，都是互相合作、群體外出獵捕大型動物。起初，牠們對彼此並無任何好感，但是野狗具有我們狩獵祖先所沒有的特殊技能。牠們特別擅長於圍捕和驅趕獵物，而且動作十分迅速，還有靈敏的聽覺和嗅覺。如果可以用分享獵物成果來作為利用這些特點的條件交換，這應該是一個不錯的交易。我們並不確切知道到底是怎麼回事，莫名奇妙的，這個交易就達成了，一個種間的連結關係就這樣形成了。

最初可能是一隻小狗被帶回部落的居家處所，準備養大之後宰殺食用。這些動物在夜間警戒和看門狗的角色上都很稱職，有利於收編。因此，很早就被我們的祖先收養在身邊，在跟隨男性外出打獵時，牠們很快又再度展現出在追捕獵物時快速敏捷的特點。由於從小被裸猿養大，狗自認為是裸猿的一分子，本能地和豢養牠們的裸猿合作無間。經過幾代的挑選品系後，很快就能剔除不聽話的狗，留下的是一個新的、改良過的、更易掌控的家養獵狗。

有人認為就是這種人與狗之間共生關係的發展，促成早期有蹄獵物的馴化。在真正進入農業時期之前，裸猿對山羊、綿羊和馴鹿就已經有某種程度的掌控。改良品種的狗能

大規模、長期的放牧這些動物，被視為是能馴化這些動物的重要因素。對現代牧羊犬和野狼的追逐研究發現，牠們的捕獵技術上有許多相似點，這對有蹄動物的馴化觀點提供強而有力的支持證據。

在近代對狗做深入的品系篩選，產生了許多特殊家養的狗。最初獵犬是全方位的，在打獵的各個階段都幫得上忙；但是牠們的後代，能力只熟練於某個階段。有一些狗具有特殊的發展能力，會被用近親交配的方式，加強牠們特殊的長處。我們已經看到，善於調度的狗被培養成放牧的犬，牠們的主要任務是圈趕家畜（牧羊犬）；嗅覺特別靈敏的狗，被培育成氣味的追蹤者（獵犬）；擅長奔跑的狗被培育成獵狗，用來憑藉勢力追蹤獵物（靈堤）。另外有一群專門被培養成獵物偵查者，牠們在找尋獵物方面的「定位」優點，被開發、強化（雪達和指標犬）。還有一些品系被改良為找尋和叼回獵物（尋回犬）。體型較小的狗，被培養成消滅有害動物的殺手（㹴犬）。原始的看門狗經遺傳改良後變成了警戒狗（獒犬）。

除了以上這些廣泛的用途之外，還有其他品系的狗，被篩選來從事其他特殊的功能。其中最特殊的例子是，古代印地安人所飼養的無毛狗，這是一種先天無毛、體溫很高的品系，被當作是睡覺時原始的熱水袋。到了更近代時，人們把狗被當成是馱獸，用來拉雪橇或是拉車；戰時則是充當信差或是地雷偵測犬，或是去找尋被埋在雪堆裡登山者的救援者，還有追蹤或攻擊罪犯的警犬、帶領盲人的導盲犬，或是太空探險的替代者。在和我們共同生活的動物裡，除了狗，沒有任何其他動物能以如此複雜而多樣的角色替人類服務。

時至今日，就算我們在各方面的技術進展神速，狗仍然還是在許多方面扮演著積極的角色。雖然現今我們所看到的數百種狗的品系裡，有許多是純粹觀賞用途，用狗替代人類去承擔重要任務的日子，還會繼續持續下去。

狗是人類非常出色的狩獵夥伴，我們很少想到嘗試馴化其他動物來取代狗在這方面的特別角色，只有獵豹和某些獵鳥——獵鷹是少數例外。但是，在這些例外的動物裡，人類還是無法有效控制繁殖，更別提育種。我們需要對這些動物施以個別的訓練。在亞洲有一種會潛水的鳥——鸕鶿，常常被用來協助捕魚。鸕鶿的蛋從巢中被取出，交給雞來孵化，小鸕鶿經由人一手養大後，再被訓練來捕魚。捕魚時，人們在鸕鶿的脖子綁上線的一端，並戴上項圈，防止牠把魚吞下；鸕鶿捕到魚後，會回到船上把魚吐出來。只是，我們並沒有改良鸕鶿品種的行動。

另一種古老形式是利用小型肉食動物來消滅其他的有害動物。這個現象一直到人類歷史進入了農業社會之後，才開始有增加的趨勢。隨著糧食的大量儲存，齧齒動物開始橫行，對能獵殺老鼠動物的需求開始增加；這時候，貓、白鼬和狐獴就成為我們的好幫手，前兩種動物甚至透過育種，已經完全被馴化了。

也許共生關係中最重要的是，利用大型動物來負載重物；馬、中亞野驢、非洲野驢、牛（包括水牛和犛牛）、馴鹿、駱駝、駱馬和大象，這些動物都被廣泛利用在載重的工作。在這些動物中，除了中亞野驢和大象之外，其他都是從野生動物經過仔細地挑選、改良而來。四千多年以前，古代蘇美爾人曾經利用中亞野驢作為馱獸，只是在引進更容易控

制的馬之後，中亞野驢的工作就被完全取代了。大象雖然還是從事粗重工作的動物，但對育種人員來說，牠還是個很大的挑戰，因此很少被考慮從事育種改良。

另外還有一個類別是，將許多動物馴化後，作為產品的來源。動物並沒有被殺害，因此不能被視為是獵物。我們只取用牠們身上的某一部分，例如從牛和山羊身上取奶，從綿羊和羊駝身上剪毛，從雞和鴨身上拿蛋，蜜蜂身上採蜜和家蠶身上取絲。

除了以上這些狩獵夥伴、消滅害獸、當作駄獸和產品來源等主要的類別之外，某些動物以更不尋常、特化的角色和我們建立共同生活的關係。鴿子被我們馴化成為信差；幾千年前，我們就已經知道牠們擁有超強的認路回家的本領，尤其是在發生戰爭的時候，這種關係更是有價值。所以在近代出現了一種訓練獵鷹來攔截鴿子信差的對抗系統。另外在一個非常不同的背景下，經過長期的育種，泰國的鬥魚和鬥雞被拿來作為賭博的工具。在醫學方面，天竺鼠和大白鼠則是在實驗室被廣泛使用的活體試驗品。

以上這些都是主要的共生物——被迫和我們機靈人類以某種夥伴的形式存在的動物。對牠們來說，所得到的好處是不需再與我們為敵，數量得以大量增加。從世界族群的角度來看，牠們是非常成功的一群，儘管成功是有限度的；並且付出的代價是失去自由的演化。牠們失去了遺傳的獨立性，雖然被精心的餵養和照顧，但是卻受制於我們異想天開的繁殖方式。

在獵物與共生關係之後，和動物的第三個類別是競爭

者的角色。任何動物不管是和我們競爭食物或空間，還是干擾到我們有效率的生活經營，都會被人類無情地消滅。我們沒有必要在這裡列出名單。實際上，任何動物如果既不能食用又和人類沒有共生關係，都會受到攻擊和消滅。這個過程在世界各地都還在持續中。人類對於較為弱小的競爭者的殘害，可有可無；但對於危險的競爭者，則是痛下殺手。在過去，與我們最近親緣的靈長類，是我們最具威脅性的競爭者；時至今日，毫不意外，在整個人屬裡就只剩下我們存活下來。曾經是我們最激烈競爭對手的大型肉食動物，當我們人口密度增加超過一定限度時，這些動物也會被消滅；例如，在現代的歐洲幾乎看不到任何大型的動物，原因只是因為要騰出空間讓偉大、擁擠的裸猿有足夠的活動空間。

第四個類別——人類和寄生性動物之間的關係，牠們的未來看來更是不樂觀。我們和寄生性動物之間的戰鬥有愈演愈烈的趨勢，我們或許會對失去一個吸引人的食物競爭對手感到難過，但絕對不會為跳蚤的數目減少而掉下眼淚。由於醫學方面的進步，寄生動物對我們的影響力日益減少。隨後，變成對其他動物威脅的增加。由於寄生蟲不見了，我們的身體變得更健康，人口就能以更驚人的速率增長，因此更突顯出把其他較為溫和對手全部消滅的急迫性。

第五個類別——人類和肉食動物的關係，牠們也是逐漸走向滅亡。從來沒有任何動物是以人類為主要食物。在人類歷史的各個階段，就我們所知，從來沒有因為被捕食而大量降低人口數目；但是較大型肉食動物，像大型貓科動物、野狗、大型的鱷魚，鯊魚和巨大的鳥，經常一點一滴地蠶食著我們，現在很明確地牠們的日子也在倒數計時了。諷刺的

是，除了寄生蟲以外，殺死最多裸猿的殺手，竟然無法吃掉
裸猿營養豐富的屍體。這個人類最致命的敵人就是毒蛇，稍
後我會解釋為什麼牠是所有高度演化動物裡最令人憎恨的動
物。

　　和人類的五個種間關係——獵物、共生、競爭、寄生和
捕食者——在其他動物之間也可以看到這些關係。基本上，
這些關係並不是人類所獨特擁有的。這五種關係在我們和其
他動物間的形式是相同的，只是在這些關係上比較更進一步
而已，誠如我在前面所說的，這些關係可以歸納成為是把動
物從經濟方面的角度來運用。此外，我們還有自己特殊的從
科學上、審美上和象徵性方面來劃分。科學和審美的態度是
我們強烈探索慾望的表現。我們的好奇心、追根究底精神，
促使我們去研究所有的自然現象。在這方面，動物世界自然
而然地就成為我們注目的焦點。對科學家來說，所有的動物
應該都是同樣有趣的。對他們而言，動物沒有不好的種和好
的種的差別，全部都是他研究的對象，為研究牠們而研究。
審美的方法同樣也是出自於這種基本的需求，只是採用不同
的參考術語。動物在外型、顏色、形式和動作上有許許多多
的變化，因此被當作是美學上的研究對象，而不是分析的系
統。
　　象徵性的方法則全然不同，在這種情況下，既沒有經濟
上的考量，也沒有開發上的慾望，動物則被當成是概念的人
格化。如果有一種動物看起來很兇猛，牠會被視為是戰爭的
象徵；如果牠看起來笨拙、可愛，那可以是小孩的象徵。實
際上，牠是不是真的如外表所顯現出來的兇猛、可愛，那並

不重要。我們並沒有要研究這些動物的真實本性,因為這不是在從事科學研究。這種可愛的動物可能長有尖銳的牙齒,而且生性兇殘好鬥,但只要這些特徵不明顯,而可愛的特徵又比較突出,就可以被接受為理想的小孩象徵。對象徵性的動物來說,不需要去做合理的評斷,我們只要看表面就好。

對動物所抱持的象徵性態度,最初是被稱為「動物人格化」的方法;所幸的是,這個難看的名詞後來被縮短成「擬人化」,雖然看起來還是很笨拙,但卻是現在普遍的表達方式。科學家們一直帶有貶抑的眼光看待牠們,只是從他們的觀點看來,都自認是完全客觀的判斷。科學家們如果想要在動物世界從事有意義的探索,就必須不惜代價去保持客觀。不過,這說起來容易做起來難。除了有計畫地把動物當成是偶像、肖像和標章之外,無時無刻在我們身上都有一些微妙、看不見的壓力,迫使我們把其他動物視為是自身的誇大形象。即使是經驗豐富的科學家,在跟他的狗打招呼時,也可能會脫口而出「嘿!老傢伙」。雖然他很清楚知道他的狗聽不懂,他還是忍不住要這樣說。

這些擬人化壓力的本質是什麼?為什麼這些壓力會如此難以克服?為什麼我們看到某些動物會情不自禁的說「啊」?看到某些動物又會說「嘿」?這些並不是雞毛蒜皮的小事。

現今的文化,我們投入大量精力在種間關係上,而且愛恨分明,堅決的喜愛某種動物,對某種動物卻很憎恨;這種愛恨情仇無法單純從經濟價值和探索慾望方面來解釋清楚的。顯然,我們收到的某種信號,引發我們內部無預期、基本的反應;我們仍自欺欺人的認為,我們是以動物的身分來

對動物。我們宣稱這些動物是迷人、無法抗拒或是恐怖的，但是誰造成這種結果？

　　要回答這個問題之前，我們必須先搜集事實。在我們的文化裡到底哪些動物受到喜愛？哪些是不受歡迎的動物？這些好惡是不是受到動物本身的年齡和性別的影響？針對這些問題，如果要有可靠的觀點，必須收集大規模的可靠證據。為了得到這樣的證據，我們曾經對八萬個 4~14 歲英國小孩做調查，在一個動物園的電視節目中，向他們提問二個簡單的問題：「你最喜歡哪一種動物？」和「你最不喜歡哪一種動物？」從諸多回答中，我們分別隨機挑選出一萬二千個樣本進行分析。

　　首先，我們看一下種間的「愛」，在不同動物間的遭遇如何？統計的數字如下：97.15% 的小孩最愛的是哺乳類動物，喜歡鳥類的佔 1.6%，喜歡爬蟲類的佔 1.0%，喜歡魚類的佔 0.1%，喜歡無脊椎動物的佔 1.0%，喜歡兩棲類的佔 0.05%。在這種數據下，顯然哺乳類動物一定有牠特別討人喜歡的地方。

　　（或許我應該要指出以上的數據是來自問卷調查，而不是口頭訪談，而且有些手寫的潦草字跡很難辨識，尤其是小小孩的字體。我們對某些不太離譜的拼錯字像 loins〔獅子〕、hores〔馬〕、bores〔公豬〕、penny kings〔鵜鶘〕、panders〔貓熊〕、tapers〔老虎〕和 leapolds〔豹〕，還可以辨認出他們實際上想要指出的動物，但有些種類就真的不是我們所能猜到，例如：bettle twigs〔譯者註：正確拼法為 twig beetles, 枝小蠹蟲〕、The skipping worm、The otamus、或是像 the coca-cola beast。對於這些可愛動物的支持問卷，我們也只好忍痛

234 裸猿 The Naked Ape

拒絕。）

如果我們把重點放在「十大最受歡迎動物」，那麼排名如下：1. 黑猩猩（13.5%），2. 猴子（13%），3. 馬（9%），4. 嬰猴（8%），5. 貓熊（7.5%），6. 熊（7%），7. 大象（6%），8. 獅子（5%），9. 狗（4%），10. 長頸鹿（2.5%）。

很明顯的，小孩們對於這些動物的偏愛，並不受到強大的經濟或是審美上的考量影響。如果是按照十大重要經濟動物來排名，牠們的位置會經過大洗牌。這些動物受到兒童們喜愛的原因，也絕對不是因為牠們的姿態優美或是顏色鮮豔；而是牠們都有一些共同的特點，包括：絕大多數的動物看起來都有點笨拙、體格粗壯和缺乏光澤的外型。然而，這些動物都天生具有擬人化的特質，這也是小孩們在做選擇時，對這些特質所產生的反應。

這不是一個自覺的過程，在名單上的動物，都具有某些重要的刺激因素，強烈地讓我們感受到人的特質，使我們對這些特質自動產生反應，而不會意識到我們喜歡的到底是什麼。

在十大最受喜愛動物裡，最顯著的擬人化特徵如下：1. 牠們都長毛髮，而不是羽毛或鱗片。2. 牠們都有圓滾滾的外表（黑猩猩、猴子、嬰猴、貓熊、熊和大象）。3. 牠們的臉部扁平（黑猩猩、猴子、嬰猴、熊、貓熊和獅子）。4. 牠們都有面部表情（黑猩猩、猴子、馬、獅子和狗）。5. 牠們會使用小型物件（黑猩猩、猴子、嬰猴、貓熊和大象）。6. 牠們的姿勢在某些時候是直立的（黑猩猩、猴子、嬰猴、貓熊、熊和長頸鹿）。

符合愈多前述這些特點，在十大受歡迎動物裡的排名就

愈高。非哺乳類動物的排名狀況不佳，因為在這些項目裡，牠們的表現都很弱。

在鳥類裡，最受到兒童歡迎的是企鵝（0.8%）和鸚鵡（0.2%）。企鵝在鳥類中排名第一，因為牠鳥類裡站得最直。鸚鵡在棲木上也站得比大多數鳥類還直，而且牠還有一些其他特殊長處；口喙的形狀讓牠的臉看起來特別扁平；還有牠用爪子把食物送到嘴裡、不是以頭去就食物的奇怪進食方式；牠還可以模仿人類說話。儘管牠很受歡迎，但當牠走路的時候，會把身體放低到近乎水平的姿勢，就輸給走起路來搖搖擺擺的可愛企鵝了。

排在最受喜愛動物前幾名的哺乳類動物，有幾個特點值得一提，例如：為什麼在所有大型貓科動物裡，只有獅子入選？答案可能是，雄獅在頭部附近長有一圈厚厚的鬃毛圍繞，這讓牠的臉看起來有扁平的效果（從小孩們畫獅子臉的圖畫就能清楚看到這一點），讓牠贏得不少的分數。

就像我們前面章節提及的一樣，臉部的表情在人類是視覺溝通的基本形式，因此特別重要。只有在高等靈長類動物、馬、狗和貓等少數哺乳類裡才演化出臉部複雜的形式。所以理所當然，十大最受喜愛動物裡，有這種臉部討喜表情的就佔了五席。臉部表情的改變代表心情的轉換，雖然臉部表情的真正意義不一定會被正確判讀，這還是提供了動物和我們之間有用的連結。

就操作能力來說，貓熊和大象是兩個特殊的案例。貓熊演化出一個修長的腕骨，用來握住食用的細竹竿。在動物界裡，只有貓熊才有這個構造；它讓扁平足的貓熊可以抓住小的東西；在坐姿時，可以把東西送到嘴邊。這種擬人化的

進食姿勢，讓牠在入選十大最愛動物時大大地加分。大象也會利用牠的獨一無二的鼻子處理小物品，然後把食物送進口中。

　　站立是人類特有的姿勢，能站立的動物就具有擬人化的優勢。在前面「十大」名單中，有兩種靈長類動物——熊和貓熊，經常保持直立的坐姿。有時候，牠們甚至會站起來，蹣跚地向前走幾步。這些動作也是讓牠們加分進入前十大最受歡迎動物的因素。長頸鹿有獨特的身體比例，從某方面來看，牠永遠都保持著直立狀態。狗以牠的社會行為在擬人化方面得到高分，但在姿勢方面卻十分令人失望；牠是十足水平走向的動物。我們不想看到狗因為這個項目而出局，於是動動腦筋，很快就把問題解決了——訓練狗練習坐立，還有乞求。為了讓這可憐的動物更加的擬人化，我們又採取了更多的舉動；人類沒有尾巴，所以我們把狗的尾巴也剪了。我們自己臉部扁平，利用育種的方式來修飾狗在鼻部的骨骼構造。我們想要讓狗擬人化的要求十分強烈，牠們必須要讓我們滿意才行，就算是犧牲牠們牙齒的功能也在所不惜。但是我們必須要知道，這些對待動物的手段，純粹是出自自私的想法；並沒有把動物當成動物在對待，而是把牠當成是自身的反應。如果這面鏡子扭曲得太過嚴重，我們不是委屈自己去適應鏡子的形狀，就是把鏡子丟掉。

　　到目前為止，我們已經討論了從 4~14 歲之間小孩們對動物的喜愛。如果把他們對這些動物的喜愛，按照兒童的年齡分成兩組，會看到某些明顯、穩定的傾向——對某些動物的喜愛會隨著年齡層的增加而減弱，另外還有某些動物則是

喜愛隨著年齡的增長而穩定增加。有一個意外的發現，這些趨勢和所喜歡動物的一個特徵有明顯關係，那就是牠們的體型大小。年紀較輕的小孩比較喜歡大型的動物，而年紀比較大的小孩則是偏好體型較小的動物。為了方便解說，我們選取在「十大」裡體型最大的大象和長頸鹿，和體型最小的嬰猴和狗。全部小孩對大象原本喜愛的總百分比是 6%，但在 4 歲孩童是佔 15%，然後隨著年齡層的增加，一路緩慢下降到 14 歲的 3%。長頸鹿也有相似的下降趨勢，從 10% 下降到 1%。另一方面，嬰猴在 4 歲孩童的喜愛支持率是 4.5%，然後漸漸上升到 14 歲孩童的 11%。狗從 4 歲的 0.5% 上升到 14 歲的 6.5%。在十大最受喜愛動物裡，兒童對中等體型動物的喜愛就沒有這種明顯的變化。

我們可以制定兩個法則，來歸納到目前為止的發現：

動物要討人喜歡的第一法則是，「動物受歡迎的程度和牠所擁有擬人化特徵數目多寡，有直接的關連」。

第二法則是，「小孩的年紀和他所喜歡動物的體型大小成反比」。

我們要如何解釋第二條法則呢？請記住，喜好是基於一個象徵性的公式，最簡單的解釋是，年紀較小的孩童把動物當成是父母親的替代物，而年紀較大的小孩則是把動物看成是自己孩子的替代物。動物光提醒我們想到自己是不夠的，牠還必須要提醒我們到底是哪一類的人。當孩子還非常年幼時，他的父母親是非常重要的保護者。父母支配著小孩子的意識，父母親是高大、友善的動物，所以高大又友善的動物很容易被視為是父母親的形象。小孩隨著年齡的增長而開始表現自我，和父母展開競爭。他們自以為已經掌握了狀況，

但要控制大象和長頸鹿這種大型動物是很困難的，所以他們所喜愛的動物必須要縮小到可以掌控的大小。小孩以一個奇怪的早熟方式變成了父母，動物則成為孩子的象徵。現實生活中的小孩還太小，無法成為真正的父母，只好變成象徵性的父母。對動物的擁有權變得很重要，飼養寵物發展成為一種「幼稚的家長作風」。不意外地，以前有一種叫做叢猴（叢林中猴子）的動物，自從成為外來的寵物之後，現在有一個叫做嬰猴（叢林中的嬰兒）的通俗名字。（應該要告誡父母親，在孩童的後期還會出現飼養寵物的衝動，讓年齡太小的小孩飼養動物是一個嚴重的錯誤。他們會把寵物當成是破壞性探索的目標，或是當作有害動物來對待）。

在討人喜愛動物的第二條原則裡，有一個很引人注目的例外——那就是馬。對馬的喜愛，可以分為兩種不尋常的方式。針對小孩喜愛馬的人數隨著年齡增加的趨勢分析時，剛開始馬受到歡迎的程度呈現緩慢升高，然後又呈現相同的緩慢降低。喜愛人數的最高峰，剛好落在青春期初開始時。如果針對不同性別的小孩分析，喜歡馬的小女孩人數是小男孩的三倍；而其他受到喜愛的動物，在不同性別裡，沒有這麼大的差別。很明顯一定有某些不尋常的因素，讓馬在這兩方面不同於其他的動物，這需要另外再做研究才能了解。

就目前情況來看，馬的特點是，牠是可以騎乘的動物，這在十大受到歡迎動物裡是獨一無二的。如果我們把所觀察到的這個現象和馬受歡迎的高峰人數正好與青春期開始吻合，以及喜愛馬的程度在男女孩身上有明顯差異聯想在一起，就會得到一個結論：對馬的喜愛一定有強烈的性元素存在。如果我們把騎上馬背和壓在女人身上性交之間劃上等

號，那麼我們對於女孩喜歡馬比男孩人數多的結果，一定會覺得很驚訝。因為馬是有強壯力道、肌肉發達和佔有優勢的種類；因此，比較適合賦予男性的角色。從客觀的角度來看，騎馬的過程是腿張很開和馬肢體有緊密接觸，加上一連串的韻律動作。女孩對馬的喜愛很明顯是因為牠的陽剛之氣，和騎在馬背時的姿勢和動作。（我們在此必須要強調的是，我們把所有小孩當成是一個整體來考量，每十一個小孩裡就會一個小孩是喜歡馬勝過喜歡其他動物，但只有極少數的小孩在現實生活中曾經養過馬或小馬。）曾經養過馬的小孩很快就會發現從騎馬當中還可以得到更多的樂趣，結果因此而騎馬騎上癮了。這在我們討論的情況裡，並沒有很多這樣的例子。

　　我們還需要解釋一下，為什麼在青春期過後的年紀，青少年對馬的喜愛程度會降低？隨著性方面的發展增加，我們預期應該會有更多青少年喜愛馬，而不是更少。只要把喜愛馬的圖形和小孩性遊戲的曲線相比較，就不難找到答案；這兩條曲線吻合度很高，隨著性意識的成長和青少年性感覺在隱私方面的典型意識，對馬的喜愛程度隨著公開性別嬉戲打鬧的減少而降低。值得注意的是，同樣在這個時期裡，猴子受喜愛的程度也降低了。許多猴子有別突出的性器官，包括大型、粉紅色的腫大部位。對年紀較小的孩童，這些都沒有任何意義，而是猴子其他強力的擬人化特質深受歡迎。但是對較為年長的小孩來說，突兀的性器官讓人覺得尷尬，因此對猴子的喜愛就打了折扣。

　　這就是小孩喜愛動物的情況，成年人對動物喜愛的反應程度不一，而且情況複雜，只是基本上擬人化的因素還是一

樣。嚴謹的自然學家和動物學家雖然能夠理解到這種象徵性的反應，完全無助於了解不同動物的真實本質，也對這個事實感到可悲，但只要這種反應對我們沒什麼大礙，而且還能提供一個疏導情緒的有效出口，它的存在也沒什麼不好。

相對於我們喜愛的動物，接著來看看我們厭惡的動物——首先，我們要回答一個評論；有人可能會說，我們前面所討論到的結果完全都是文化上的差異所引起的，整體而言，對人類並沒有什麼意義；對動物確切的本質來說是沒錯。顯然要先知道的確有貓熊存在，才能對牠作出反應，我們並沒有與生俱來對貓熊的反應；但這並不是問題的關鍵。對貓熊的選擇可能是由文化所決定的，只是選擇貓熊的原因的確反映牽涉到一個更深入、更多的生物過程。

如果在不同文化中，再做一次同樣的調查，人們所喜歡的動物可能會有所不同，但人們還是根據我們基本的象徵性需求來選出動物。在喜好動物裡的第一條和第二條法則仍然適用。

我們所厭惡的動物有哪些？以同樣的分析方法來排出人類最不受歡迎的十種動物：1.蛇（27%），2.蜘蛛（9.5%），3.鱷魚（4.5%），4.獅子（4.5%），5.老鼠（4%），6.臭鼬（3%），7.大猩猩（3%）8.犀牛（3%），9.河馬（2.5%），10.老虎（2.5%）。

這些動物都有一個共同的特點：牠們都很危險。鱷魚、獅子和老虎都是肉食性的殺手。大猩猩、犀牛和河馬受到激怒時，也會行兇。臭鼬總是從事暴力形式的化學戰。老鼠傳播疾病。毒蛇和毒蜘蛛也很危險。除了獅子和大猩猩之外，

這些令人厭惡的動物，大部分都缺乏十大受到喜愛動物裡擬人化的特質。

獅子是唯一列名十大喜愛和十大厭惡動物名單中的動物。兒童對獅子的矛盾心理是因為獅子獨特具有擬人化的討喜特質，同時也具有殘暴的獵食行為。大猩猩有強烈的擬人化特質，可惜牠的面部表情總是讓人覺得帶有攻擊性和令人望之生畏的表情。其實這只是牠的骨頭結構，和牠真實（相當溫柔）的本性扯不上關係，但在牠力大無窮的形象加持之下，馬上把牠變成一個不折不扣野蠻和暴力的象徵。

在孩童十大厭惡動物裡最引人注目的是，對蛇和蜘蛛的大規模反應。這無法單純用牠們都是危險動物來解釋，還參雜其他的因素。根據分析厭惡這些動物的原因，蛇因為「黏滑又骯髒」，所以不受歡迎。蜘蛛是因為「毛茸茸的，又令人毛骨悚然」而受到排斥。這意味著牠們不是某種東西的強烈象徵意義，或者是我們天生有一個很強烈的反應去避開這些動物。

長久以來，蛇就被視為是男性生殖器官的象徵。既然是一個有毒的陽具，它代表著不受歡迎的性，這或許或多或少解釋了為什麼蛇那麼不受歡迎。我們如果調查一下在 4 ～ 14 歲孩童之間對蛇厭惡程度的差異，會看到不受歡迎的高峰期出現得很早，比青春期要早得多。就算在 4 歲時，厭惡的程度也很高——約落在 30%，之後慢慢升高，在 6 歲時達到最高峰。然後出現緩和的下降，到 14 歲時的遠低於 20%。雖然在各個年齡層，女孩的反應稍微比男孩強，基本上，不同性別間的比例相差不大。在青春期裡，不同性別的反應並沒有影響。

從這方面的證據來看，很難認為蛇就只是一個單純的強烈性的象徵。它似乎更可能是我們人類對像蛇那樣形式東西天生的反感。這不僅可以解釋兒童在小時候就對蛇產生厭惡，也能說明為何蛇不管是在喜愛或是厭惡動物裡，牠都是百分比最高的動物。這和我們所了解的人類近親——黑猩猩、大猩猩和紅毛猩猩的反應相吻合。這些動物也很怕蛇，而且從小就開始害怕。雖然很小的人猿並不怕蛇，但是年紀稍長後，當牠們開始短暫出遊，離開母親的安全庇護範圍時，這種對蛇的恐懼就會充分表現出來。對牠們來說，對蛇的反感顯然有著重要的生存價值，對我們早期的祖先來說，也有很大的好處存在。

儘管如此，也有人認為對蛇的恐懼並不是與生俱來的，而是個人透過後天學習所造成的文化現象。據說被飼養在不尋常、隔離環境條件下的小黑猩猩第一次看到蛇時，並不會感到害怕。只是這些實驗並沒有很強的說服力。某些用來作實驗的黑猩猩年齡太小，經過幾年後，再以相同黑猩猩重複一次實驗，就能很清楚地看到反應。另一方面，隔離所造成的影響可能太過嚴苛，前述所提到的實驗動物實質上是有心理缺陷的。

這種實驗基本上是對天生反應的本質有所誤解，不管外界環境如何，這種反應在密閉的環境下是不會成熟的，天生的反應應該多考慮到先天的感受性。在對蛇做出反應的這個例子裡，或許有需要讓年輕的黑猩猩或是小孩在生命初期，就去面對許多讓人感到驚嚇的不同東西，學習如何對這些事物做出負面的反應。在遇到蛇時，天生元素在面對蛇刺激時，就會以比面對其他刺激時，有更大規模的反應。對蛇的

恐懼遠超過對其他動物的恐懼。而這種不成比例的差異就是
天生的因素。正常小黑猩猩看到蛇所產生的恐懼，和我們對
蛇的強烈厭惡是很難用其他方式來解釋的。

　　小孩對蜘蛛的反應則是另一種不同的過程，而且不同性
別間有顯著的差別。從 4 ～ 14 歲男孩對蜘蛛討厭的程度有
增加的趨勢，不過是緩慢的增加。在女孩身上也有同樣的趨
勢，從 4 歲緩慢地增加到青春期，然後快速增加，到 14 歲
時，女孩討厭蜘蛛的比例是男孩的兩倍。這裡似乎有一個重
要的象徵因素，從演化學上的觀點來看，毒蜘蛛對男女兩性
都是一樣危險；不同性別之間對蜘蛛可能有、也可能沒有天
生的反應，但是先天的反應卻很難解釋，為什麼在女性青春
期時，對蜘蛛的憎恨會有急遽增多的趨勢？我們唯一的線
索是，女性不斷提到蜘蛛是骯髒、毛茸茸的東西。當然，男
孩女孩的青春期，也正是身體毛髮開始在第二性徵成長的時
期。對小孩來說，身體的毛髮是主要陽剛特質的象徵。跟男
孩子比較起來，年輕女孩身上長出毛髮，對她來說會令她感
到不安（無意識）的感覺。和體型較小的蒼蠅比起來，蜘蛛
修長的腳更像是長毛，更顯眼；結果就是蜘蛛變成體毛角色
的最佳象徵。

　　這些就是我們看到或是想到其他動物時，所感受到的
喜愛與厭惡的感受。這些感受和我們在經濟上、科學上和審
美上的興趣相結合，讓我們和動物間的獨特複雜關係更加複
雜，而且會隨著我們年齡的增長而有變化。我們可以得到一
個結論：總共有「七個年齡」的種間反應。

　　第一個階段是嬰兒時期，此時我們完全依靠父母，對
很大型動物有強烈的反應，把牠們當成是父母的象徵。第二

個階段是幼兒和父母的階段，這時候我們開始和父母有了競爭，對小型動物有強烈的反應，把牠們當作是我們孩子的替代物。這是飼養寵物的年齡。第三個階段是客觀的成年前期，這時候科學上和審美上的探索興趣開始宰制象徵上的興趣，這是一個抓甲蟲、使用顯微鏡、收集蝴蝶標本和養魚的時期。第四個階段是青少年時期，在這個階段最主要的動物是異性。除非有純粹商業上或是經濟上的價值，否則其他動物在這個階段裡都處於下風。第五個階段是成年父母階段，象徵性動物在這個時期再度進入我們的生活，只是牠們是以寵物的角色進入小孩的生活中。第六個階段是後父母的時期，當我們失去小孩之後，我們可能會移情到寵物身上，把牠們當成是我們的小孩對待。（如果是沒有子女的父母，這個階段會提早到來。）

最後，我們來到第七個時期，老年時期。這是一個對動物保護和保育有高度興趣的時期，此時的焦點著重在有滅絕危險的動物。只要牠們是數目少而且日益減少，這不會因為牠們看起來令人喜歡或是使人厭惡而有所差別。例如像是日益減少的犀牛和大猩猩，雖然小孩們不喜歡牠們，卻是這個時期的關注焦點。牠們必須要被「拯救」。這個時期裡很顯然有一個象徵性的等號出現：老年人的人生階段即將告一段落，因此，把稀有動物當成是自己日暮西山的象徵。他們在對稀有動物感情上的關注，避免牠們的滅絕，反映出自己想要活久一點的願望。

近幾年來，對動物保育的關注已經擴散到更低的年齡層，很明顯這是威力強大核子武器發展的結果。這些武器強

大、潛在的破壞力在威脅著我們,每一個人且不分年齡都有可能立即滅絕,所以現在我們都有情感上的需求去找一種動物作為稀有的象徵。

我們不應該把這種觀點當成是保護野生動物的唯一理由,還有其他科學上、審美上完全合法的理由,來支持我們,為什麼想要幫助有生存困難的物種。如果我們還要繼續享有一個物種豐富、生態複雜的動物世界、利用野生動物從事科學、審美學研究,就必須伸出援手。如果讓牠們從地球上消失,是用一個不適當的方式在簡化我們的生存環境。身為有強烈好奇心的物種,我們無法承擔失去如此寶貴的物質資源。

討論保育問題時,也必須考量經濟因素;有人指出明智的保護和有限度的獵殺野生動物,可以幫助世界某個地區因為缺乏蛋白質而營養不良的族群。從短期的觀點來說,這固然沒錯,但從長遠的觀點來看,卻不太樂觀。如果我們的人口持續以目前的驚人速率增加,最後不是我們存活下來,就是其他動物活下來而我們滅亡,不可能同時並存。不論這些動物在象徵意義、科學上的意義或審美上對我們的價值為何,從經濟的角度來看,形勢對他們非常不利;確切的事實是,當我們的人口達到一定密度時,就沒有其他動物生存的餘地。

有人說動物是我們不可或缺的食物,很遺憾的,這個論點經不起仔細的推敲。人類直接吃植物來取得所需要的養分,和動物吃植物(植物的養分轉換為動物的肉),然後我們再吃動物,更有效率。由於對居住空間增加更進一步的要求,最終還是會產生更激烈的因應措施,讓我們不得不採用

人工食物。除非我們能夠大規模地移民到其他星球以減輕負擔，或是想辦法嚴格控制我們的人口增長，否則在不久的將來，地球上其他生物將會被人類消滅殆盡。

　　如果以上說法太過於聳人聽聞，讓我們來看看數據。在十七世紀末，全世界裸猿的人口數目只有 5 億，現在已經 30 億 * 人口，還以每 24 小時增加 15 萬的速度在成長（星球的移民專家看到這個數字，會覺得這是一個讓人十分氣餒的挑戰）。如果人口的增長率不變，在 260 年裡，地球表面將會被 4000 億個裸猿塞爆，也就是在每平方英哩的土地上有 11000 個裸猿個體，這當然是不太可能的事。換個說法，我們在大城市裡所感受到的人口密度，將會擴散到全世界的每個角落裡。這種結果對所有其他動物所產生的影響不言而喻，對我們人類自身的影響也令人同感沮喪。

　　我們不需在此詳述這個夢魘，因為它要成為事實的可能性很小。誠如我在本書中不斷強調的，儘管我們的科技在蓬勃發展，人類還是一個簡單的生物現象；儘管我們有偉大的構想和高傲的自負，我們仍然是卑微的動物，受到所有動物行為法則的約束。早在我們人口達到前面所想像的水準之前很久，就已經打破很多約束我們生物本性的規則，因而失去動物界裡主導的地位。我們很容易沾染感到自滿的氣息，而認為這一切絕對不會發生，認為我們人類有某些過人之處，可以擺脫大自然的約束。可是，我們錯了。許多扣人心弦的種類已經滅絕了，我們也將會步入牠們的後塵，只是時間早晚的問題而已，最終還是會把位子騰出來給其他種類。

---

*作者註：在本書出版的25年後，世界人口已經倍增到超過50億。

如果人類可以拖延一下滅絕的時間，那麼我們必須仔細、冷靜的思考我們這一種生物，藉此了解我們的極限在哪裡。這也是我寫這本書的目的，和刻意貶低我們，把我們稱做是裸猿，而不是我們通常自稱為人的原因。這有助於我們把握分寸，讓我們認真去思考，在我們的生命表層之下到底發生了什麼事。或許，在我一腔熱血的情況下，可能誇大了某些事實。本來，我有很多地方可以大大的讚賞，可以描述很多了不起的成就，但我並沒有這樣做，這無可避免地讓我的論點有點偏頗。

我們是非比尋常的物種，而且我並不打算否認這一點，也不想貶低我們自己，只是這些事情經常會被提到。丟硬幣時，好像總是正面會朝上，我覺得現在正是把硬幣翻過來，看看反面到底長什麼樣子的時候。可惜的是，和其他動物比較起來，我們人類是力量非常強大、繁衍十分成功的物種，所以，我們出身卑微的沉思有時候也會令人感到不快，因此，我不期望有人會為我所做的一切而感謝我。我們爬到頂端，聽起來就像是個發橫財的故事，而且就像所有暴發戶一樣，我們很在意自己的背景，我們一直不斷受到會背叛它的威脅。

抱持樂觀態度的人會覺得，因為我們已經演化出高度的智慧和強烈的創造動力，應該可以把任何情況都扭轉到對我們有利的局面，我們有非常好的可塑性，可以重新塑造生活方式，快速提升生物地位能適應任何嶄新的要求。當這個時候來臨時，我們應該要想辦法解決人口過度擁擠、壓力、失去個人隱私、獨立行動的問題。我們應該要重新塑造行為模式，活得像大螞蟻一樣。我們應該要能控制攻擊性和領域性

的感覺，我們在性慾上的衝動和為人父母的傾向。如果我們
必須變成在擁擠籠子裡成長的猿，我們是做得到的。我們的
智慧可以支配我們所有生物的基本衝動。我認為這是垃圾。
我們原始的動物本性永遠都不會允許這樣做。當然，我們是
有可塑性的。當然，我們在行為上是機會主義者，只是有嚴
格的限制，不會讓我們任意挑選形式。

　　藉由在本書中強調我們的生物特徵，我嘗試著要告訴大
家這些限制的本質；透過清楚的認識和服從這些本質，我們
會站在一個更好的位置生存下來。這並不是一個天真的「回
歸自然」的表達，只是說我們應該調整自己理智的機會主
義，讓它進步到和我們基本行為的要求相符合。我們要改良
人口素質，而不是人口數量。如此一來，我們可以繼續技術
上有快速、令人振奮的進展，而不至於否定我們演化上的遺
傳性質。否則，被我們壓抑的生物衝動會堆積起來，直到潰
堤為止，然後整個精心打造的世界將消失在歷史的洪流之
中。

各章節參考資料

寫作《裸猿》時參考了許多書籍資料，在此無法一一列出，但一些重要的參考資料，根據章節和主題逐一羅列如下；其他的詳細資訊，請見 p252 頁的參考書目。

第一章 起源

Classification of primates: Morris, 1965. Napier and Napier, 1967.

Evolution of primates: Dart and Craig, 1959. Eimerl and DeVore, 1965. Hooton, 1947. Le Gros Clark, 1959. Morris and Morris, 1966. Napier and Napier, 1967. Oakley, 1961. Read, 1925. Washburn, 1962 and 1964. Tax, 1960.

Carnivore behaviour: Guggisberg, 1961. Kleiman, 1966. Kruuk, 1966. Leyhausen, 1956. Lorenz, 1954. Moulton, Ashton and Eayrs, 1960. Neuhaus, 1953. Young and Goldman, 1944.

Primate behaviour: Morris, 1967. Morris and Morris, 1966. Schaller, 1963. Southwick, 1963. Yerkes and Yerkes, 1929. Zuckerman, 1932.

第二章 性行為

Animal courtship: Morris, 1956.

Sexual responses: Masters and Johnson, 1966.

Sexual pattern frequencies: Kinsey *et al.*, 1948 and 1953.

Self-mimicry: Wickler, 1963 and 1967.

Mating postures: Ford and Beach, 1952.

Odour preferences: Monicreff, 1965.

Chastity devices: Gould and Pyle, 1896.

Homosexuality: Morris, 1955.

第三章 育兒

Suckling: Gunther, 1955. Lipsitt, 1966.

Heart-beat response: Salk, 1966.

Growth rates: Harrison, Weiner, Tanner and Barnicott, 1964.
Sleep: Kleitman, 1963.
Stages of development: Shirley, 1933.
Development of vocabulary: Smith, 1926.
Chimpanzee vocal imitations: Hayes, 1952.
Crying, smiling and laughing: Ambrose, 1960.
Facial expressions in primates: van Hooff, 1962.
Group density in children: Hutt and Vaizey, 1966.

第四章 探索

Neophilia and neophobia: Morris, 1964.
Ape picture-making: Morris, 1962.
Infant picture-making: Kellogg, 1955.
Chimpanzee exploratory behaviour: Morris and Morris, 1966.
Isolation during infancy: Harlow, 1958.
Stereotyped behaviour: Morris, 1964 and 1966.

第五章 爭鬥

Primate aggression: Morris and Morris, 1966.
Autonomic changes: Cannon, 1929.
Origin of signals: Morris, 1956 and 1957.
Displacement activities: Tinbergen, 1951.
Facial expressions: van Hooff, 1962.
Eye-spot signals: Coss, 1965.
Reddening of buttocks: Comfort, 1966.
Redirection of aggression: Bastock, Morris and Moynihan, 1953.
Over-crowding in animals: Calhoun, 1962.

第六章 進食

Male association patterns: Tiger, 1967.
Organs of taste and smell: Wyburn, Pickford and Hirst, 1964.
Cereal diets: Harrison, Weiner, Tanner and Barnicott, 1964.

第七章 慰藉

Social grooming: van Hooff, 1962. Sparks, 1963. (I am particularly indebted to Jan van Hooff for inventing the term 'Grooming talk'.)
Skin glands: Montagna, 1956.

Temperature responses: Harrison, Weiner, Tanner and Barnicott, 1964.
'Medical' aid in chimpanzees: Miles, 1963.

第八章　動物

Domestication: Zeuner, 1963.
Animal likes: Morris and Morris, 1966.
Animal dislikes: Morris and Morris, 1965.
Animal phobias; Marks, 1966.
Population explosion: Fremlin, 1965.

參考書目

Ambrose, J. A., 'The smiling response in early human infancy' (Ph.D.thesis, London University, 1960), pp. 1–660.

Bastock, M., D. Morris, and M. Moynihan, 'Some comments on conflict and thwarting in animals', in *Behaviour* 6 (1953), pp. 66–84

Beach, F. A. (Editor), *Sex and Behaviour* (Wiley, New York, 1965).

Berelson, B. and G. A. Steiner, *Human Behaviour* (Harcourt, Brace and World, New York, 1964).

Calhoun, J. B., 'A "behavioral sink",' in *Roots of Behaviour*, (ed. E. L. Bliss) (Harper and Brothers, New York, 1962), pp. 295–315.

Cannon, W. B., *Bodily Changes in Pain, Hunger, Fear and Rage* (Appleton-Century, New York, 1929).

Clark, W. E. le Gros, *The Antecedents of Man* (Edinburgh University Press, 1959).

Colbert, E. H., *Evolution of the Vertebrates* (Wiley, New York, 1955).

Comfort, A., *Nature and Human Nature* (Weidenfeld and Nicolson, 1966).

Coss, R. G., *Mood Provoking Visual Stimuli* (University of California, 1965).

Dart, R. A. and D. Craig, *Adventures with the Missing Link* (Hamish Hamilton, 1959).

Eimerl, S. and I. Devore, *The Primates* (Time Life, New York, 1965).

Ford, C. S., and F. A. Beach, *Patterns of Sexual Behaviour* (Eyre and Spottiswoode, 1952).

Fremlin, J. H., 'How many people can the world support?', in *New Scientist* 24 (1965), pp. 285–7.

Gould, G. M. and W. L. Pyle, *Anomalies and Curiosities of Medicine* (Saunders, Philadelphia, 1896).

Guggisberg, C. A. W., *Simba. The Life of the Lion* (Bailey Bros. and Swinfen, 1961).

Gunther, M., 'Instinct and the nursing couple', in *Lancet* (1955), pp. 575–8.

Hardy, A. C., 'Was man more aquatic in the past?', in *New Scientist* 7 (1960), pp. 642–5.

Harlow, H. F., 'The nature of love', in *Amer. Psychol.* 13 (1958), pp. 673–85.

Harrison, G. A., J. S. Weiner, J. M. Tanner and N. A. Barnicott, *Human Biology* (Oxford University Press, 1964).

Hayes, C., *The Ape in our House* (Gollancz, 1952).

Hooton, E. A., *Up from the Ape* (Macmillan, New York, 1947).

Howells, W., *Mankind in the Making* (Secker and Warburg, 1960).

Hutt, C. and M. J. Vaizey, 'Differential effects of group density on social behaviour', in *Nature* 209 (1966), pp. 1371-2.

Kellogg, R., *What Children Scibble and Why* (Author's edition, San Francisco, 1955).

Kinsey, A. C., W. B. Pomeroy and C. E. Martin, *Sexual Behaviour in the Human Male* (Saunders, Philadelphia, 1948).

Kinsey, A. C., W. B. Pomeroy, C. E. Martin and P. H. Gebhard, *Sexual Behaviour in the Human Female* (Saunders, Philadelphia, 1953).

Kleiman, D., 'Scent marking in the Canidae', in *Symp. Zool. Soc.* 18 (1966), pp. 167-77.

Kleitman, N., *Sleep and Wakefulness* (Chicago University Press, 1963).

Kruuk, H., 'Chan-system and feeding habits of Spotted Hyenas', in *Nature* 209 (1966), pp. 1257-8.

Leyhausen, P., *Verhaltensstudien an Katzen* (Paul Parey, Berlin, 1956).

Lipsitt, L., 'Learning processes of human newborns', in *Merril-Palmer Quart. Behav. Devel.* 12 (1966), pp. 45-71.

Lorenz, K. King Solomon's Ring (Methuen, 1952)

Lorenz, K., *Man Meets Dog* (Methuen, 1954).

Marks, I. M. and M. G. Gelder, 'Different onset ages in varieties of phobias', in *Amer. J. Psychiat.* (July 1966).

Masters, W. H., and V. E. Johnson, *Human Sexual Response* (Churchill, 1966).

Miles, W. R., 'Chimpanzee behaviour: removal of foreign body from companion's eye', in *Proc. Nat. Acad. Sci.* 49 (1963), pp. 840-3.

Monicreff, R. W., 'Changes in olfactory preferences with age', in *Rev. Laryngol.* (1965), pp. 895-904.

Montagna, W., *The Structure and Function of Skin.* (Academic Press, London, 1956).

Montagu, M. F. A., *An Introduction to Physical Anthropology* (Thomas, Springfield, 1945).

Morris, D., 'The causation of pseudofemale and pseudomale behaviour', in *Behaviour* 8 (1955), pp. 46-56.

Morris D., 'The function and causation of courtship ceremonies', in *Fondation Singer Polignac Colloque Internat. sur L'Instinct, June 1954* (1956), pp. 261-86.

Morris, D., 'The feather postures of birds and the problem of the origin of social signals', in *Behaviour* 9 (1956), pp. 75–113.

Morris, D., '"Typical Intensity" and its relation to the problem of ritualization'. *Behaviour* 11 (1957), pp. 1–12.

Morris, D., *The Biology of Art* (Methuen, 1962).

Morris, D., 'The response of animals to a restricted environment', in *Symp. Zool. Soc. Lond.* 13 (1964), pp. 99–118.

Morris, D., *The Mammals: A Guide to the Living Species.* (Hodder and Stoughton, 1965).

Morris, D., 'The rigidification of behaviour'. *Phil. Trans. Roy. Soc. London*, B. 251 (1966), pp. 327–30.

Morris, D. (editor), *Primate Ethology* (Weidenfeld and Nicolson, 1967).

Morris, R. and D. Morris, *Men and Snakes* (Hutchinson, 1965).

Morris, R. and D. Morris, *Men and Apes* (Hutchinson, 1966).

Morris, R. and D. Morris, *Men and Pandas* (Hutchinson, 1966).

Moulton, D. G., E. H. Ashton and J. T. Eayrs, 'Studies in olfactory acuity. 4. Relative detectability of n-Aliphatic acids by dogs', in *Anim. Behav.* 8 (1960), pp. 117–28.

Napier, J. and P. Napier, *Primate Biology* (Academic Press, 1967).

Neuhaus, W., 'Über die Riechschärfe der Hunde für Fettsäuren', in *Z. vergl. Physiol.* 35 (1953), pp. 527–52.

Oakley, K. P., *Man the Toolmaker*. Brit. Mus. (Nat. Hist.), 1961

Read, C., *The Origin of Man* (Cambridge University Press, 1925).

Romer, A. S., *The Vertebrate Story* (Chicago University Press, 1958)

Russell, C., and W. M. S. Russell, *Human Behaviour* (André Deutsch, 1961).

Salk, L., 'Thoughts on the concept of imprinting and its place in early human development', in *Canad. Psychiat. Assoc. J.* 11 (1966), pp. 295–305.

Schaller, G., *The Mountain Gorilla* (Chicago University Press, 1963)

Shirley, M. M., 'The first two years, a study of twenty-five babies'. Vol. 2, in *Intellectual development. Inst. Child Welf. Mongr.*, Serial No. 8 (University of Minnesota Press, Minneapolis, 1933).

Smith, M. E., 'An investigation of the development of the sentence and the extent of the vocabulary in young children', in *Univ. Iowa Stud. Child. Welf.* 3, No.5 (1926).

Sparks, J., 'Social grooming in animals', in *New Scientist* 19 (1963), pp. 235–7.

Southwick, C. H. (Editor), *Primate Social Behaviour* (van Nostrand, Princeton, 1963).

Tax, S. (Editor), *The Evolution of Man* (Chicago University Press, 1960).

Tiger, L., Research report: Patterns of male association, in *Current Anthropology* (vol. VIII, No. 3, June 1967).

Tinbergen, N., *The Study of Instinct* (Oxford University Press, 1951).

Van Hooff, J., 'Facial expressions in higher primates', in *Symp. Zool. Soc. Lond.* 8 (1962), pp. 97–125.

Washburn, S. L. (Editor), *Social Life of Early Man* (Methuen, 1962).

Washburn, S. L. (Editor), *Classification and Human Evolution* (Methuen, 1964).

Wickler, W., 'Die biologische Bedeutung auffallend farbiger, nackter Hautstellen und innerartliche Mimikry der Primaten', in *Die Naturwissenschaften* 50 (13) (1963), pp. 481–2.

Wickler, W., Socio-sexual signals and their intra-specific imitation among primates, in *Primate Ethology*, (Editor: D. Morris) (Weidenfeld & Nicolson, 1967), pp. 68–147.

Wyburn, G. M., R. W. Pickford and R. J. Hirst, *Human Senses and Perception* (Oliver and Boyd, 1964).

Yerkes, R. M. and A. W. Yerkes, *The Great Apes* (Yale University Press, 1929).

Young, P. and E. A. Goldman, *The Wolves of North America* (Constable, 1944).

Zeuner, F. E., *A History of Domesticated Animals* (Hutchinson, 1963).

Zuckerman, S., *The Social Life of Monkeys and Apes* (Kegan Paul, 1932).

國家圖書館出版品預行編目資料

裸猿／德斯蒙德.莫里斯(Desmond Morris)著；曹順成譯. -- 初版. -- 臺
北市：商周出版：家庭傳媒城邦分公司發行, 2015.10
面；　公分. -- (科學新視野；115)
譯自：The naked ape : a zoologist's study of the human animal
ISBN 978-986-272-907-6(平裝)

1.自然人類學 2.人類行為 3.靈長目

391　　　　　　　　　　　　　　　104020144

科學新視野115

裸猿：一位動物學家對人類動物的研究（增修版）

The Naked Ape: A Zoologist's Study of the Human Animal

作　　　者／德斯蒙德・莫里斯 Desmond Morris
譯　　　者／曹順成
企 劃 選 書／余筱嵐、黃靖卉
責 任 編 輯／彭子宸

版　　　權／林心紅、翁靜如
行 銷 業 務／黃崇華、張媖茜
總　編　輯／黃靖卉
總　經　理／彭之琬
發　行　人／何飛鵬
法 律 顧 問／元禾法律事務所 王子文律師
出　　　版／商周出版
　　　　　　台北市104民生東路二段141號9樓
　　　　　　電話：(02) 25007008　傳真：(02)25007759
　　　　　　E-mail：bwp.service@cite.com.tw
　　　　　　Blog：http://bwp25007008.pixnet.net/blog
發　　　行／英屬蓋曼群島商家庭傳媒股份有限公司 城邦分公司
　　　　　　台北市中山區民生東路二段141號2樓
　　　　　　書虫客服服務專線：02-25007718；25007719
　　　　　　服務時間：週一至週五上午09:30-12:00；下午13:30-17:00
　　　　　　24小時傳真專線：02-25001990；25001991
　　　　　　劃撥帳號：19863813；戶名：書虫股份有限公司
　　　　　　讀者服務信箱：service@readingclub.com.tw
　　　　　　城邦讀書花園：www.cite.com.tw
香港發行所／城邦（香港）出版集團有限公司
　　　　　　香港灣仔駱克道193號東超商業中心1樓；E-mail：hkcite@biznetvigator.com
　　　　　　電話：(852) 25086231　傳真：(852) 25789337
馬新發行所／城邦（馬新）出版集團 Cite (M) Sdn. Bhd.
　　　　　　41, Jalan Radin Anum, Bandar Baru Sri Petaling,
　　　　　　57000 Kuala Lumpur, Malaysia.
　　　　　　Tel: (603) 90578822　Fax: (603) 90576622　Email: cite@cite.com.my

封 面 設 計／李東記
排　　　版／極翔企業有限公司
印　　　刷／韋懋實業有限公司

■2015年10月27日初版
■2019年03月28日二版一刷
定價300元

Printed in Taiwan

The Naked Ape: Fiftieth Anniversary Edition
by Desmond Morris
Copyright © Desmond Morris, 1967
Foreword copyright © Frans de Waal, 2017
Introduction copyright © Desmond Morris, 2017
First published as The Naked Ape by Jonathan Cape in 1967. This fiftieth anniversary edition reissued by Vintage in 2017.
This edition arranged with Jonathan Cape, an imprint of The Random House Group, Ltd.
through Big Apple Agency, Inc., Labuan, Malaysia
Complex Chinese translation copyright: © 2015, 2019 by Business Weekly Publications, a division of Cité Publishing Ltd.
All rights reserved.

城邦讀書花園
www.cite.com.tw